# 当代西方学术经典译丛

《存在论——实际性的解释学》

[德]海德格尔著，何卫平译

《思的经验（1910-1976）》

[德]海德格尔著，陈春文译

《道德哲学的问题》

[德]T.W.阿多诺著，谢地坤、王彤译

《克尔凯郭尔：审美对象的建构》

[德]T.W.阿多诺著，李理译

《社会的经济》

[德] 尼克拉斯·卢曼著，余瑞先、郑伊倩译

《社会的法律》

[德]尼克拉斯·卢曼著，郑伊倩译

《环境与发展——一种社会伦理学考量》

[瑞士]克里斯多夫·司徒博著，邓安庆译

《文本性理论——逻辑与认识论》

[美]乔治·J.E.格雷西亚著，汪信砚、李志译

《知识及其限度》

[英]蒂摩西·威廉姆森著，刘占峰、陈丽译，陈波校

《论智者》

[法]吉尔伯特·罗梅耶-德尔贝著，李成季译，高宣扬校

《德国古典哲学》

[法]贝尔纳·布尔乔亚著，邓刚译，高宣扬校

《美感》

[美]乔治·桑塔耶那著，杨向荣译

《哲学是什么》

[美]C.P.拉格兰、萨拉·海特编，韩东晖译

《美的现实性——艺术作为游戏、象征和节庆》

[德]H.-G.伽达默尔著，郑湧译

《海德格尔的道路》

[德] H.-G.伽达默尔，何卫平译

《论解释——评弗洛伊德》

[法]利科著，汪堂家、李之喆、姚满林译

《为濒危的世界写作》

[美]劳伦斯·布伊尔著，岳友熙译

《文本：本体论地位、同一性、作者和读者》

[美]格雷西亚著，汪信砚、李白鹤译

当代西方学术经典译丛

*Die Aktualitaet des Schoenen-Kunst als Spiel,*
*Symbol und Fest*

# 美的现实性
## ——艺术作为游戏、象征和节庆

[德] H.-G.伽达默尔 著

郑湧 译

人民出版社

# 中译本前言<sup>*</sup>

很久以来，我一直从事着艺术真实性问题的研究。这个研究，还推动了我对解释学基本出发点的进一步发展；这个出发点，是海德格尔在《存在和时间》一书中针对胡塞尔的先验的自我学说提出来的。命题的真，并不是真理的唯一的也不是最终的所在。这是我从海德格尔那里可以学到的，海德格尔的这一见解产生了广泛的影响。欧洲历史的独特性，可以得到更深刻的理解了。借助于对意识哲学的存在论批判成果，海德格尔为我们指出了，古希腊的早期思想、也正是亚里士多德的形而上学思想，仍然还是现代实证主义的理论依据。这是一条从古希腊起源的、中经基督教神学和三神一体奥秘的神秘主义、导向极端的近代无神论和导向科学时代的路线。

由此，必然要产生这样一个问题：艺术表现占有什么样的位置，如

---

摆在我们目前的《美的现实性》，是在 1974 年 7 月 29 日至 8 月 10 日萨尔茨堡大学周期间，以《艺术作为游戏、象征和节庆》为题的讲演的修订版。它的最初的文本，被收集在安斯伽尔·包斯出版的萨尔茨堡大学周的以《当代艺术》为题的讲演汇编集之中（见格拉茨：斯图利亚 1975 年版，第 25—84 页）——作者注

关于《美的现实性》的中译本前言，是在译者翻译后，给伽达默尔看了并讲解了译者的这个译本之后，他专门为这个译本写的。针对德里达书写只是痕迹而没有意义的说法，译者以中国书法为例，说明书写在中国依然是艺术，并且使文字具有审美的意义，而其意义并不在所写文字的内容。伽达默尔听后大加赞赏，而且把书法问题加入了这个"前言"，没有点名却有针对性地批评了德里达。中译本中的小标题名"游戏"、"象征"和"节庆"，是译者所加，德文原文中只以Ⅰ、Ⅱ、Ⅲ作出划分；而"Ⅰ.导语"则是译者为了让中译本的层次更加清晰而加的。——译者注

果艺术已不再被包括在宗教系统的总体范围之内的话。海德格尔在其早期完全没有顾及艺术。1936年，当海德格尔第一次作关于艺术作品的学术报告时，的确出乎许多人的意料。而对于我来说，却很少甚至完全没有什么新的触动，当我从他的报告里确实看出了我自己的对真理的研究方向的时候。我发现，海德格尔和我一样，注视着同一个方向。就他而言，当时显然关系到，以比他在《存在和时间》中所取得的更大成功去摆脱胡塞尔意识哲学初始立场的困境。当此在的生存分析从此在的忧虑结构出发来说明其时间特征时，毫无疑问，这种分析就为现象学的建立打下了一个更加广阔的并被实际经验所充实的基础。但是，这个基础有足够的承载能力，以致能够从形而上学的和由形而上学中产生的近代科学的彼岸提出存在问题吗？

虽然，黑格尔已经得出了这样的见解，在精神的本质中存在着它的属于时间的现象。因此，从黑格尔以来，哲学史就成为哲学本身的一大要素，并且把哲学史的真理权益提到了对真理的历史性和相对性的挑战面前。海德格尔的忧虑分析作为此在的时间结构分析，又呈现了一种存在论批判的极端性。精神、意识、真理遵循着一种不加追究的关于现存性的存在论。这种存在论偏见的一些弊病，最终在胡塞尔对内在时间意识的出色的现象学分析方面变得最为一目了然。如果，海德格尔把此在的历史性提到存在问题的主导思想的高度；那么，存在也就不再会继续被作为现存性来考虑。此在的历史性，也就不再可以继续作为此在存在的一种衰减来出现。

尽管如此，历史性的生存方式并没有囊括一切。即便我们把数学的数字和图形这种非时间的领域、或者梦幻及其潜在的真实性的非逻辑的领域统统排除在外，艺术的以及从艺术中显示出来的难以把握的真实性和智慧的领域仍然保持着一种历史性的彼岸形态。因此，问题就在于，一种名副其实的哲学解释学必须把关于艺术的真实性问题纳入议事日程。在这里，显而易见的是，真理并不受思维和命题的约束，而是具有一种存在的特性。因为，"真的"是艺术作品，既不是艺术作品的创作,亦非艺术作品的欣赏。这就像亚里士多德所说的,"真的"就像纯金那样的真。同时,人们猜想到,在艺术作品的本质中,不仅存在着它的自我表现,而且也一样具有那种不可揭示的、而只是一再自我显露的隐匿性。

因此,艺术的经验,在我本人的哲学解释学起着决定性的、甚至是左右全局的重要作用。它使理解的本质问题获得了恰当的尺度,并使免于把理解误以为那种君临一切的决定性方式,那种权力欲的形式。这样,我通过各种各样的探索把我的注意力转向了艺术经验。

现在,如果因此而把我的有关著作译为中文以飨中国读者,那无疑会使我感到特别的不安。由欧洲的文化界来为作为顶峰的中国美学文化提供关于艺术本质的哲学思想,简直有点班门弄斧。尽管令人遗憾的是,我们对中国的文化艺术所知不多;不过有一点我们是很清楚的,即欧洲的那种科学观念在中国文化艺术中并不起那么大的作用。在欧洲,某种程度上可以说,科学认识是被迫对艺术进行反思的。而在中国,也许倒不如说是正相反。按照我们的理解,美学在中国可以说是宗教的和理论的观点与之相适应的真正的形而上学、普遍的思想方式。因此,使我们非常突出地感觉到,书写和文字在中国的美学文化中作为书法艺术扮演着一个十分重要的角色。虽然,我们认为,对于古希腊的文字和绘画也可以这么说。但是,在欧洲这种文化圈子里,今天又有谁在文字学方面想到了绘画艺术呢?

不过,我还是可以希望,中国读者会从我的研究中找到某些有用的东西的;因为,艺术不仅不受时间的限制,而且也不受空间的限制。

# 目 录

*Contents*

# Ⅰ.导　语

在我看来非常重要的是，为艺术辩护的问题涉及一个不仅是当前的、而且是非常古老的课题。在我的学术生涯之初，1934 年我发表了论文《柏拉图和诗人们》[1]，就致力于这个问题的研究。事实上，这曾经是一种新的哲学观念和对知识的新要求；这种要求，苏格拉底学派曾提出过；就我们所知，正是在这种要求之下，艺术在欧洲历史上第一次面临于证明自己合法的需要。在这里，首次变得十分明显的是，在造型的或叙述的形式中以一种不确定的方式被接受和解释的传统内容，这种内容的传达享有其所要求的真理权，这一点并不是不证自明的；这确实是一个重要的、年代久远的课题，每当针对在诗歌创作中或以造型艺术的语言继续显示着的传统形式提出一种新的真理权益时，这种课题总是随之出现。人们似乎想到古希腊罗马晚期的文化，这种文化因其反对为神造像而常受指责。那个时候，当墙壁被彩色的石块和玻璃拼嵌成的图案装饰一新之后，当时的造型艺术家们就抱怨说，他们的时代结束了。与此相类似的是，随着罗马帝国而落到晚期古希腊罗马头上的对言论自由和艺术创作自由的限制和禁止，对此，塔吉图斯（Tacitus）在他的著名的关于演说术没落的对话即《演说术的对话》中作过谴责。不过，人们也许首先想到——因此我们已经比最初可能意识到的更接近于我们今天——基督教对它所涉及的艺术传统的态度。在第一个10 世纪，特别是公元 6、7 世纪的基督教教派后来的发展中出现的圣像破坏运动被击败之后，有过一种特别的抉择。当时，教会为造型艺术家的表现形式、后来又为诗和叙述艺术的语言形式找到了一种新的解释，这种解释赋予艺术以一种新的被确认的合法性。那种抉择在特定的范围内才是合法的，也就是说，仅仅作为基督教布道的新内容，根据这种内容传统的语言形式可以重新证明自己的合法性。穷人不识字或不懂拉丁文，因此而不可能完全理解其布道所言的《贫民的圣经》——作为图解——曾经是欧洲艺术证明自己合法的权威性的主导思想之一。

我们在自己的文化意识中生活，很大程度上是靠这种抉择的成果；这就是说，靠伟大的欧洲艺术发展史，经过中世纪的基督教艺术和对古希腊、罗马的艺术与文学的人文主义复兴，它发展了我们自我理解的相通内容的一种相同的表现形式——一直到 18 世纪之末，一直到随着社会结构变动和政治、宗教改革一起到来的 19 世纪。

在奥地利和德国南部，人们不必多费口舌去说明古希腊罗马—基督教的内容的综合，这种综合在巴罗克艺术创作的巨大浪潮中已如此清晰地涌现在我们面前。当然，基督教艺术和基督教—古典的、基督教—人文主义的传统的这一历史时期也有争议，并且经受了一些变革，宗教改革的影响尤其与此相关。就这种宗教改革而言，它以一种特别的方式把一种新的艺术样式提到了中心位置：借助于教徒圣歌而具有的音乐形式，这种音乐形式从文字上赋予音乐的表现形式以新的生命——比如亨利希·许茨和约翰·塞巴斯蒂安·巴赫——并因此基督教音乐的全部伟大传统以一种新的方式得到继续，一种从罗马教堂的赞美诗、也就是说归根结底从拉丁文的圣歌和格里高利审定的、被作为礼物献给伟大的罗马教皇的曲调的统一开始的未遭破坏的传统。

在这样一种背景下，问题即为艺术辩护的问题获得了某种初步的解决方向。对这个问题的探究，我们可以利用前面对同类问题的思考所提供的帮助。尽管如此，似乎还不可否认在 20 世纪我们所经历着的艺术的新局面，这种新情况的确不得不被看作是对那种向来保持一致的传统的背弃，这种传统的最后一次大的余波出现在 19 世纪。当黑格尔这位思辨唯心主义的伟大导师在海德堡首次、然后又在柏林作美学讲演时，他讲演的主旨之一就是关于"艺术属于过去"[2]的学说，如果人们回顾并且重新仔细研究黑格尔对问题的提法，人们就会惊奇地发现，它竟预先表述了我们对艺术的特有问题。关于这一点，我想作一个引论式的极简略的考察，以便我们看清动机的形成，为什么在研究的深入发展中我们必须回溯到主导的艺术概念的不言而喻性的背后，并且得以揭示人类学的基础。正是在这种基础上，艺术现象得以建立；我们必须从这种基础角度获得对艺术现象的新的权益证明。

"艺术属于过去"，这是黑格尔的一个公式；用这个公式，他极其明确地表达了哲学的要求，即把我们对真理认识本身再变成我们认识的对象，去弄清楚我们对真的所知。哲学自古以来所提出的这一任务和要求，在黑格尔看来，只有当哲学把真理如同它在时间中以历史发展的方式显现那样，作为一种巨大的总和与成果包含在自身之中时，才能完成和满足。正因为如此，黑格尔哲学的要求恰恰就是并且主要是，把基督教布道的真理上升为概念。这甚至包括基督教学说中最神秘的东西，圣父、圣子、圣灵三位一体的秘密。对此，我个人认为，作为思维的挑战正如经常越出人类理解限度的希望那样，不断地活跃了欧洲人的思路。

事实上，黑格尔的这种冒风险的要求是，他的哲学本身包括很多世纪以来神学家和哲学家们的思维去苦心经营的、强化的、精致的、深化的基督教学说的这种极端神秘性，并且把这种基督教学说的全部真理囊括在概念的形式之中。这里事先没有以黑格尔试图采用的方式去阐明那种几乎可以说是哲学的三位一体的、那种精神的不断复活的辩证综合；我就得谈到它，以便使黑格尔对艺术的态度和他就艺术的过去性所发表的基本观点变得好理解些。黑格尔所指的，首先也不是当时已经在事实上实现的欧洲—基督教图解传统的完结——正如我们今天所认为的那样。他作为那个时代的人所感受到的，更不是突然陷入异化和挑战之中，如同我们今天作为现代人在抽象的、无内容的造型艺术创作方面所体验的那样。今天参观卢浮宫的人，当他踏进这拥有欧洲绘画艺术精华的著名陈列室、18世纪末和19世纪初的革命胜利的画卷首次突然闪现在眼前时，这时所产生的反应也肯定不是黑格尔所固有的。

黑格尔当然并不认为——他又该怎样呢？——最后欧洲艺术风格是以巴洛克及其晚些时候的洛可可的艺术样式缓慢地从人类历史的舞台上走过的。他并不了解我们在回顾中所知道的东西，那就是：具有历史意义的世纪即已开始。他又没有预见到，20世纪那种摆脱19世纪的历史羁绊的大胆的自我解放，在另一种引人注目的意义上真正使得所有以往的艺术成为某种过去的东西。当黑格尔谈论艺术的过去性时，不如说他是在指，艺术已不再以它在古希腊社会及其神的表现中富有不证自明性的同样方式而不证自明的了。在古希腊的世界中，神的形象在雕塑作品和庙宇中，庙宇沐浴日照袒露在自然风光之中，从来没有躲避过大自然的没完没了的暴力；那是伟大的雕刻，在这种雕刻作品中，神性的东西通过人的刻画在人的形态中直观地表现自己。黑格尔的真正论点是，就古希腊文化而言，神和神性的东西借助其特有的雕刻的、造型的表现形式独特地、真实地显示无遗；而按照基督教的信仰及其新的深化了的对神的彼岸性的见解，与它们的固有的真实性所相适应的表现，借助于艺术的表现形式和诗的形象语言已不再可能。艺术作品已不再是我们所崇拜的神性东西本身。艺术的过去属性描述了这样一个命题，它意味着：随着古希腊罗马艺术的终结，艺术不得不为自己辩护的必要性。我已经提到过，这种合法性证明的成果是通过基督教派和与古希腊罗马传统的人文主义的结合，随着世纪的推移以我们称之为欧洲基督教艺术的杰出方式提供的。

令人信服的是，当艺术与其周围世界处于一种广泛的证明自己合法的联系之中，那个时候，艺术就把群体、社会、教会和艺术家所建立的不证自明性不言而喻地协调一致起来。而我们的问题恰恰是，这种不证自明性、与此同时那种全部不证自明性的联系性都不复继续存在——而且特别是在 19 世纪就已不再存在了。在黑格尔的命题中,这一点已经表明了。在一个工业化的、商品化的社会里,伟大的艺术家或多或少地意识到自己没有着落,以致艺术家确实得到了可以说由于波希米亚人式的遭遇而通常给予流浪艺人的名声,这在那个时候就已经开始了。在 19 世纪,每一个艺术家就已经在这样一种意识中生活:艺术家和他生活其中并为他们所建立的人们之间交往的不证自明性已不再继续存在。19 世纪的艺术家不是处于某种共同体之中,而是为自己创立了一种共同体,它带有全部与这种情况相应的多样性,和所有过高的期望,这种期望必然与此相联系:共同体所表示的多样性不得不要求,只有这些艺术家自己的创作形式和创作信息才是正确真实的。事实上,这就是 19 世纪艺术家的信使意识,正如《现代救世主》(伊默尔曼)那样,艺术家在他对人们的要求中感到:他带来了一种新的关于解救的福音,就艺术家的使命而言,他作为艺术家只是为了艺术,这样他就像一个孤立于社会之外的人那样为这种要求付出代价。

但是,所有这些与我们社会的自我理解从我们世纪更新的艺术创作所经受的打击和惊奇相比较,又算得了什么?

出于礼貌,我不想提及在音乐厅里为听众演奏现代音乐对演奏者来说是多么困难。通常,他只能把这种音乐安排为节目单的中间部分——否则的话,听众不是迟到便是早退:出现了一种从前不可能存在而我们今天不得不考虑到其严重性的局面。这正是暴露了艺术作为神圣如宗教的文化和艺术作为现代艺术家的离经叛道行为二者之间的矛盾。这种矛盾的产生及其逐渐加剧,至少可以追溯到 19 世纪的绘画史。在 19 世纪后半叶,上一个世纪造型艺术的不证自明性的一个基本前提即焦点透视的有效性[3]被打破之后,就已经酝酿了一场新的艺术变革。

这一点,最初可以从汉斯·封·马莱的画幅中看到;随后,产生了一场以保尔·塞尚为主要领袖的赢得了世界声誉的伟大的艺术革命运动。焦点透视无疑不是造型艺术创作和欣赏理所当然要提供的东西。

在基督教的中世纪,根本不存在这种东西。只是在文艺复兴这样一个自然科学和数学的形式结构兴趣极大振兴的历史时期,焦点透视作为人类艺术和科学进步的重大奇迹之一才与绘画发生了联系。随着焦点透视所期望的不证自明性慢慢地完结,才使我们从根本上这么完全认清了中世纪盛期的伟大艺术,认清了这样一个时代,在此时代中绘画还不像从窗口眺望那样由近景一直到远处的天地之际逐渐清楚地展现,而是明白易读如一种象形文字符号,提高我们的宗教的和思想的境界。

因此,焦点透视只不过曾经是一种历史地形成的、并且只是时兴一时的我们绘画创作的造型形式。而破除这种形式,也曾成为现代艺术创作更加远离我们形式传统极大发展的前奏。我想到立体派对形式的破坏,在 1910 年前后,所有当时伟大的画家差不多都起码做过一阵子这类尝试。我还要提到,这种立体派的对传统的破坏又变成对造型艺术形式与对象联系的彻底废除。对我们的对象要求的这种废除是否真的那么彻底,暂不肯定。但是,有一点则是没有疑义的:绘画是一种肉眼的直接景观——正像我们自然的或人造的自然的日常生活经验为我们提供的景观那样——这样一种素朴的不证自明性显然已经被彻底摧毁了。人们不能再素朴地用单一地感受着的视觉去欣赏一幅立体派的或抽象的绘画。对此,人们必须付出非常艰巨的劳动:人们得把在画布上显现为平面图的不同的视觉角度再通过自己的活动组合起来,然后人们才可能最终被一种创作的深刻的合理性和正确性抓住和征服,就像从前在一种同一的绘画内容性基础上毫无疑问地产生的那样。这就出现了一个问题:它对我们的反思意味着什么?此外,我要提到现代音乐,被这种音乐所使用的和谐与不和谐的全部新语汇;还有那特有的因破除伟大古典音乐的作曲法则和乐句结构而变得不那么好理解的方面。当人们穿过博物馆而走进最新发展的艺术大厅时,就真会把别的东西丢在脑后了,这种情况人们是很难避免的,就像人们不能不顾事实那样地难以避免。如果人们和新事物打交道,那他们在顾及旧事物方面就会注意到,在接受的愿望、决心方面比之前者毕竟要逊色得多。当然,这只不过是一种对比反应,而绝对不是那种永远的总是失败的经验;但是,正是那种新、旧艺术形式之间的鲜明对比,使得在这个问题上变得清晰起来。

我还想到了那哲学家们一向特别感兴趣的神秘费解的诗;因为,那没有其他人能读懂的地方,似乎正是哲学家责无旁贷之处。事实上,我们时代的诗已经临近意思明白可懂的极限;也许,最伟大的语言艺术家最多也只能做到,对不可言说的东西表示悲观的沉默[4]。我也想到现代戏剧,对于这种戏剧来说,时间和情节统一的经典理论早就听起来像一篇被忘却的童话;在这种戏剧中,性格的统一甚至被有意地、突出地违反了,而且正是这些离经叛道之处变成了新的戏剧形态的表现形式准则,例如在贝尔托·布莱希特那里。我又想到了现代的建筑艺术:一种什么样的解放——或者说是探索?——由此形成了,借助于新的建筑材料的使用、某种程度上就可以去违反那些流行的静力学原则,房子的建造、砖石的垒砌等等都毫无相同之处;相反,处处表明为一种全新的创造——某种程度上可以说是建在尖顶式的基础上或者纤细得似乎经不起重压的柱子上的房子,那里原是围墙、四壁和用起保护作用的壳套封闭起来的地方,现在都被打开由帐篷式的顶盖和保护物取代了。上面这些简略的概述,只是说人们应该意识到,究竟发生了些什么事情,为什么艺术在今天提出了新问题。我认为:为了什么去弄明白今天艺术究竟是什么,这是给思维提出的一个课题。

我打算把这一课题放在不同的层次上作出阐述。首先,作为我的出发点的一个最高原则是,人们在对这一问题的思考中得采用这些尺度,从而包括两个方面,以往的、传统的伟大艺术,和不仅仅是与上述艺术对立的、而且也从这种艺术获得动力的现代艺术。一个首要的前提是,这两种艺术都必须作为艺术来理解,并且二者同属一个整体。不仅仅是,没有一个今天的艺术家不熟悉传统的语言却能使自己的独创性得到完全发挥的;也不仅仅是,观众总是处于过去和现在的共时性包围之中。甚至还不仅如此,当观众走进博物馆从一个展厅走向又一个展厅时,或者当他——也许违背他本人的兴趣、爱好——在音乐和戏剧节目中被迫面对现代艺术、或者只不过是古典艺术的现代主义复制品时,他总是像我们所说的那样,我们的日常生活是通过过去和未来的共时性持续进行的。这样就能够具有那种开放的未来和不可重复的过去的眼界,这就是我们称之为"精神"活动的本质。记忆女神、其中起支配作用的记忆地继承的女神,也就是精神自由的女神。接受以往的艺术和我们的艺术传统的回忆与纪念,以及以罕见的一反常态的形式从事新的试验的大胆冒险,都是同样的精神所从事的活动。我们还得进一步考虑,从这种过去和现在的统一性中随之产生些什么。

不过,这种统一性不只是一个我们审美的自明性问题。问题不仅仅在于使我们意识到,一种更深刻的连续性怎样把过去的表现形式和现代表现形式的突变联系起来。这是一种现代艺术家要求中的新的起作用的社会能动因素。这是一种与市民趣味的视文化如宗教信奉及其耽于虚荣享乐相对立的重要立场,它以各种不同的方式吸引今天的艺术家去把我们的行为意志纳入他自己的需要,正如在立体派和抽象派绘画的构图上出现的那样;在这种构图中,鉴赏者变幻着的景观的不同角度得被组合起来。在艺术家的要求中存在着其作为创作根据的新的艺术观念,也是被作为一种新的一致性、作为一种所有人之间交往的新形式来实行的。我这话的意思不仅仅是指,艺术的那些伟大的创造性劳动通过无数渠道降低到实用的世界、降低为我们环境的装潢布置——或者我们说:不是降低,而是普及、自我扩展,从而导致我们人为造就世界的某种风格的统一性。这从来就是如此的,而且无疑的是,我们在今天的造型艺术和建筑艺术中发现的结构观念,其影响之深一直到我们日常都离不开的烹调、起居、交通和公共生活的器械用具之类。艺术家以其创造的作品来消除那种存在于对传统的期望和他参与倡导的新风尚之间的不协调,这绝对不是偶然的。正如抵触、不协调形式所显示的,我们爱走极端的现代派的状况是引人注目的。这种状况要求对它的问题作进一步思考。

我们的历史意识和现代人及艺术家的反思,二者在这里看来是相互协作的。历史感、历史意识,不是那种人们本该过多地把科学的或世界观的观念与之相联系的东西。人们很容易想到那对一切人都不言而喻的事物,当他们面临任何一件过去的艺术作品时。这种事物如此不言而喻,以至他们从没有意识到它、在这方面提及历史意识。他们把过去的服装样式看作是历史的服装样式,在变幻着的服装样式中接受传统的绘画内容,因而当阿尔特多费尔在其《亚历山大战役》中明显地把中世纪的勇士和"现代的"战斗阵形编列在一起,似乎亚历山大大帝真的以这个样式打败了波斯人[5]的时候,也不会有人感到奇怪。这就是那种我们的历史一致性的不证自明性,因此我敢于直截了当地说:没有这样一种历史的一致性,大概根本不会获得对以往艺术形态的把握的完美性和准确性。谁像一个无历史修养的人(这种人似乎并不存在)那样,对其他时代的东西如同陌生异己的东西似的感到惊奇,那他就根本不可能在其自明性中,得到显然作为所有真正的艺术创作本质的内容和形式结构的统一性。

所以,历史意识不是一种专门的科学的或世界观的被决定的方法的把握,而是一种我们感官的精神性的调节手段,它已经事先决定了我们对艺术的鉴赏和经验。显然,与此相关的是——这也是一种反思形式——我们不要求素朴的、以一种变成持续存在的有效性向我们再一次说明对我们自己世界的重新认识,而且我们以同样的方式在其异己性中反思,并且正是由此才能掌握我们自己历史的全部伟大传统,乃至一切并不影响欧洲历史的完全不同的领域与文化的形式和传统。这是一种重要的反思,这种反思是我们所有人都具有的,并且使今天的艺术家有权去从事他自己的创造性的创作活动。这怎样能够以如此根本变革的方式达到预期的目的,为什么历史意识及其新的反思把自己和这种从来不能放弃的要求相联系:我们所看到的一切都实际存在,并且直接作用于我们,这一切我们所接受到的,正是哲学家的课题应该讨论的。因此,作为我们思考的第一步,我把任务确定为领会问题的提法。

首先,我将根据**哲学的美学**状况拟定领会的方法,借助这些方法我们要解答那招惹是非的题目;然后我将指出,在这方面,本书标题中被预先告知的三个概念将扮演主要角色:回顾**游戏**概念;完善**象征**概念,也就是说,确定重新认识我们自己的可能性;最后是**节庆**概念,作为一切人与人之间重新获得的交往的典范。

从差异中找出共同,这是哲学的任务。"学会按照统一性来综观事物",这是柏拉图所规定的哲学辩证论者的任务。那么,哲学传统究竟为我们准备了哪些手段,以便去解决这个任务或者也只是去导出一种比较清晰的不证自明性,我们在这里给自己提出了任务亦即是,在欧洲造型艺术的形式、内容传统和今天艺术创作的理念之间的鸿沟上架起桥梁? 首要的方向,是"艺术"这个词给我们指出的。我们永远没有权利去低估,一个词所能向我们表明的东西。词,甚至可以说是前人在我们之前所作出的思维成果。因此,"艺术"这个词,在这一方面就是我们必须由此确定我们方向的起点。由"艺术"这个词,每一个历史修养不多的人也会马上明白,它具有我们今天与之相联系的专有的、独特的意义为时还不到二百年。在 18 世纪,那还是不言而喻的,如果人们指谓艺术,那一定是说"美的艺术"。因为,正如显然有着广泛得多的人类技术实践领域,机械制品、技术工程、手工、工业生产的产品那样,都纷纷挤进艺术的行列。因此,我们所指的这种艺术概念在我们的哲学传统中是找不到的。而我们要在欧洲思想的缔造者那里、在古希腊人那里应该学到的恰恰就是,艺术理应属于亚里士多德称之为**诗学**的、亦即制作的知识和技能[6]的总体观念。手工业者的制作和艺术家的创作之间共同的,以及这样一种知识与之理论的或实践—政治知识的、抉择的东西相区别的,正是作品独立于自身的行为。这就是制作的本质,而且人们一定得记住这一点,假如人们打算理解并且在其限度内衡量,今天现代派针对传统的艺术、针对与这种艺术有关的市民的文化享受所提出的对作品概念的批评的话,正是在这种意义上,一件作品出世了。这显然是一种共同的特征。作为一种遵循一定程序的劳动努力的意向性目的所在,作品作为其所是之物而独立,摆脱了与制造活动的联系。因为,按规定,作品是付诸使用的。柏拉图总是强调,制作的知识和技能要服从使用,并且取决于用户的知识[7]。由水手来决定造船者应该造什么样的船。这是古老的柏拉图式的范例。因此,作品概念指明一个共同的使用范围,从而表明共同的理解、表明相互理解的交流。那么好了,根本的问题就在于,在这样一个制作知识的总体观念的范围内,"艺术"究竟怎样同机器产品相区别。对此古希腊的回答(这种答案仍值得我们深思)是,这里问题在于仿造活动、在于模仿。与此同时,模仿关系到对自然的总的把握能力。因为,自然在其造型活动方面还需要去刻画出某种东西,由人的精神去填补形象塑造的空缺之处,从而使艺术成为"可能"。不过,由于我们现在所称之为"艺术"的艺术,与制作的这种一般的造型活动相比较,带有过多的神秘费解的东西;只要"作品"真的并非"名副其实地"是它所表现的东西,而只起模仿的作用,那就随之产生一大堆极其微妙的哲学问题,首先是存在之物的显现问题。这里没有任何真实的东西被制造,而只是某些东西被造出;这些东西的"使用"也不是真正地使用,而只是在对现象观察着的停留之中奇特地成为现实,这些意味着什么? 关于这方面,我们还要说几句。但是,首先要明白这一点,即当古希腊人把我们所称作为"艺术"的东西最多理解为对自然的一种模仿的话,那就不能指望从他们那里得到直接的帮助。不过,这里所说的模仿,和现代艺术理论的自然主义或现实主义的草率结论没有什么共同之处。亚里士多德《诗学》中的一句名言可以证实这一点,亚里士多德说:"诗比历史知识更富有哲理。"[8]因为,历史这门学科只是叙述事情是怎样发生了的,然而诗则向我们描述:事情怎样能够经常发生。诗教我们,在人们的所作所为和忧患中发现一般。而这种一般显然正是哲学分内之事;因为艺术是指一般而言的,所以艺术比历史更富有哲理。这至少是古希腊遗产给我们的第一个重要的启示。

另一个影响更加深远得多的、甚至超出了我们现代美学范围的启示,是我们对"艺术"这个词的理解的第二部分给予我们的。艺术是指"美的艺术"。然而,美又是什么?

**美这个概念**,在现在我们还会看到各种各样的用法;在这些用法中,仍保留着某些美这个词古老的、说到底是古希腊的意义。"美"这个概念,或许我们还可以同借助于风俗习惯或其他东西而被公众所承认的某些事物联系起来;和那——正如我们所说的——能够让人观察并且根据直接观察来决定的东西相联系。在我们语言的记忆中还保留着"美的品德"这一用法,借助于这个用法,德国唯心论(席勒、黑格尔)曾在与当时国家机器的非精神的机械论的区别中来刻画古希腊国家和道德世界的特征。那时,"美的品德"并不意味着,美化的即豪华和装饰得富丽堂皇的社会风尚;而是意味着,它表现和活跃于一切公共的生活方式之中,它使整个社会生活秩序井然,并以这种方式让人总是彼此相处于他们自己的世界之中。对我们来说,一种仍然令人信服的对"美"的规定是,它得到所有人的公认和赞成。因此,对于我们最纯真的感觉来说,"美"的观念还包括,人们不能追问为什么喜欢。不涉及任何目的、也不带任何所指望的利益,美实现了一种自主,享受着自我表现的乐趣。关于美这个词就讲这么多。

那么,美究竟在何处出现,从而确实实现其本质? 为了一开始就获得关于美的问题也许还有什么是"艺术"问题的全部真实见解,有必要提及,就古希腊人而言,宇宙、天体的秩序表现了美的原有的本来意义上的直观性。这是古希腊关于美的思想中的一个毕达哥拉斯原理。在天体的合乎规律性的秩序中,我们得到一种确实会出现的秩序的最重要的直观性。年、月的周期性推移和昼、夜的周期性更替,构成了我们生活中秩序经验的可靠的恒定性——恰恰与我们自己的人的行为、活动的无规矩性和变幻不定性成鲜明对比。

按照这种理解,美的概念(特别是在柏拉图的思想中)赢得了一种大大廓清我们疑难问题的功能。在对话《斐德罗》篇中,柏拉图以精彩的神话形象描述了人的使命,人与神相比较所具有的有限性,以及人对我们本能的、肉体的实际存在的生存重要性的迷恋。他描写了所有精灵的颇为壮观的行进队列,在这种队列中辉映着日月星辰的夜幕。这是由奥林匹斯山诸神率领的向苍穹深处驰去的车列。人的灵魂也是驾驭着畜力车,紧跟着通常带领这种队列行进的诸神。在苍穹最高处那就看到真的世界,在那里人们所能看到的,不再是我们尘世的所谓的世界经验的那种变幻无常的无秩序的活动,而是存在的真正的恒定如一和固定不变的结构形态。这时,诸神全神贯注地观察这种所遇到的真的世界,而人的灵魂(因为他们心马意猿)却心神不定。因为,人的精神中的本能性的东西混乱了视听,人的灵魂只能对那种永恒的秩序投之片刻的、粗略的一瞥。然后,人的灵魂就从天国坠落到人间,离开了那个世界的真,对那种真只保留一点点非常模糊的记忆。请注意,下面便是我本来要讲的东西。对于被困在尘世的、某种程度上可以说失去了羽毛因而再也不能飞向真的天国的灵魂来说,存在一种经验,由于这种经验,羽毛开始重新长出,重新振翅高飞。这就是爱与美的经验,对美的爱好的经验。在奇妙的、标准的巴洛克式的描绘中,柏拉图把这种产生着的爱的体验和精神对美、对世界的真实秩序的发现结合起来考虑。借助于美,持续地达到重新回忆真的世界的预期目的,这是哲学之路,柏拉图把美称作为最突出的和最富有魅力的、甚至可以说是理念的可见性。如此比所有别的东西都突出的、具有这样一种令人信服的对真理和正确性的显现特征的,正是我们大家作为自然和艺术中的美来看待的东西,它使我们不得不承认:"这是真的。"

从上述回顾中我们得到的重要启示是,美的本质恰恰并不在于仅仅是与现实性相对和对立,而在于美可以不期而至、美是一种保证,在一切现实的无秩序中,在所有它的不完善性、诡谲、错误和片面性以及严重的混乱之中,真的东西也仍然不是遥不可及的,而是我们碰得见的。去填平理想和现实之间的鸿沟,是美的存在论功能。因此,"美的艺术"中这个加诸于艺术的形容词,就给我们的思考以第二个重要启示。

再进一步即第三步,我们将探究:什么是我们在哲学史中称之为的**美学**?美学是一个很晚的发明——极其重要的是——它差不多和独特的艺术含义从技术实践性中分离出去是同时发生的,和艺术从艺术的概念与实际所有的宗教般的职能中的解放也是同时发生的。

美学作为哲学的一个学科,是到了18世纪、也就是说是在唯理论的时代才出现的,显然,这是在应用性自然科学基础上提出的近代唯理论本身造成的,这些自然科学在17世纪获得了发展、并且至今决定着我们世界的面貌,因为它们以一种越来越惊人的速度使自己转化为技术。

是什么原因促使哲学去思考美?鉴于唯理论总的遵循自然的数学的合规律性及其控制自然力的重要意义,美和艺术的经验就显示了一个最大的主体的自由选择的领域。这是17世纪的伟大创举。在这里,美的现象究竟能包含些什么?对古希腊的回溯至少可以使我们明白,在美、在艺术中会碰到一种比所有可理解的东西更深刻的意义。那么,又该怎样来把握它的真实意义呢?亚历山大·鲍姆加登这位哲学的美学缔造者说是感性认识。"感性认识"这个提法,对从古希腊起我们就养成的伟大认识传统来说首先是一种悖论。只有摆脱了主体感官的局限性并掌握了事物中的理性、普遍性和规律性,认识往往才有点价值。于是,处于其个别性中的感性事物,只是作为普遍规律性的一个具体显现。不过,我们把我们碰到的只看作为所预期的,并且只作为某种普遍物的个别情况记录下来,这肯定不是美的经验,既不是自然中的也不是艺术中的美的经验。例如,令我们陶醉的落日景观并不是落日的一种个别现象,而是那种向我们演出"天庭悲剧"的罕见的日落壮观。至于在艺术领域里,那就更加不言而喻了,如果某种东西务须服从别的关系,那么艺术作品就决不是像这种东西那样被经验的。对我们来说,艺术作品所具有的"真",并不在于一种在艺术作品身上表现出来的普遍规律性。更确切地说,感性认识是指,在显然只是作为感性经验的个别情况、而且我们总是习惯于把它与某种普遍性相联系的事物中,由于美、某种东西出乎意料地抓住了我们,并且使我们情不自禁地流连忘返于那独特显现之处。

在这方面,是什么东西触动了我们? 什么又是清楚地被看到的? 什么是就这种偶然现象来说是重要的和有意义的? 也就是说,它可以提出也可以成为真的反要求,而且不只是像可用数学来表示的自然规律那样的"普遍之物"才是真的? 对这种问题作出回答,正是哲学美学的任务[9]。就对这种它本身固有的问题提法的理解来看,我觉得似乎有必要提出这一问题:什么样的艺术会在这个问题上使我们可望得到最合适的答案? 我们知道,人们的艺术创作门类繁多又是何等的不同,其区别之大诸如为时短暂的语言艺术或音乐和与可长久保持不变的造型艺术和建筑艺术之类。这里使人们艺术创作得以完成的诸种手段,使艺术形象发出根本不同的光彩。从历史的角度,可以勾画出一种答案。鲍姆加登曾把美学定义为"美的思维艺术"。谁会听,一听就会明白,这种说法是对别的说法、即把修辞术定义为"出色的演说艺术"的一种模拟措辞。这绝非偶然。自古以来,修辞术和诗歌艺术休戚相关,某种程度上修辞术在这方面又占更重要的地位。修辞术是人们交往的普遍形式,这种交往相对于科学来说,即便是在今天仍然要无可伦比地深刻得多地决定着我们的社会生活。就修辞术面言,它的作为出色的演说艺术这一经典定义很快就使人信服了。显然是以修辞术的这个定义为蓝本,鲍姆加登把美学定义为美的"思维"艺术。从中可以得到的一个重要启示就是,语言艺术对于解决我们给自己提出的任务也许具有一种特别的功能。这就比那些作为我们美学思考根据的、通常方向相反的占主导地位的观念要重要得多。通常,这指的是造型艺术,我们的反思以这种造型艺术为指导,我们最容易在造型艺术上使用我们审美的概念性。之所以如此,当然有其充分的理由,不仅是因为与短暂易逝、只存在于一时的一出戏、一首乐曲或一首诗的区别中很容易指向可长久保持的雕塑艺术,而且更主要是因为柏拉图的遗训总是时时处处影响着我们对美的思考。真实存在被柏拉图作为原型,而所有现象的现实性则被柏拉图作为这种原型的模本来考虑的。如果人们避免了任何浮浅意思的话,对于艺术来说柏拉图的看法还是有些说服力的。为了把握艺术的经验,人们就尝试潜回神秘的语汇深处、大胆地造出新词,如"先入之型",这是可以使对形象的观赏概括其中的一种表述。因为是这么回事——而且二者是一回事——仿佛我们从事物中看出了形象,我们又把形象虚构进事物之中。这就是想象力,人的虚构形象的能力,审美的反思首先遵循这种想象力。

康德的伟大贡献则在这里,由于这种贡献,康德把鲍姆加登这样一个美学的缔造者、唯理论的前一康德主义者远远甩在了自己后面。他首次在美和艺术的经验中发现了一个独特的哲学课题[10]。他寻求这个问题的答案,即如果我们"发现某种美"的话,究竟什么东西对美的经验来说应该是不可缺少的,而不只是表现了一种单纯的主体鉴赏反应。在这方面,肯定不是像自然的规律性那样的、可以把感官所见的个别性作为具体事例来解释的普遍性。在美的事物中,我们碰到了什么样的可传达的真实性? 那肯定不是我们可以用概念和知性的普遍性来充当的真实性和普遍性。尽管如此,这种我们在美的经验中碰到的真实性,明确要求不仅仅是主体地有效的。这甚至意味着,并不具有一切必需性和正当性。但是谁发现某种美,这不只是意味着,他喜欢这种东西就像一道合他口味的饭菜那样。假如我发现了某种美的事物,那我指的就是,它是**美**的。我这个意思用康德的话来说,那就是:我"要求人人都同意"。这种人人都应该同意的要求,绝不意味着我通过谈话可以让他信服。这不是那种照此就人人都可以具有良好的审美能力的方式。相反,任何人的对美的鉴赏力都必须经过培养,从而他可以去鉴别某物是美还是不那么美。这并不要求,人们为自己的审美观提出充分的理由或者甚至是无法辩驳的证据。从事这一活动的艺术批评领域,游离于"科学的"论断和可用非科学化来补偿的决定着判断的精美感觉之间。"批评"即意味着把美同不那么美的东西区别开来,其实它并不是下述判断,即不是一种隶属于概念所谓的"美"的科学门类;也不是质的比较分析之一：它是美的经验本身。耐人寻味的是："鉴赏力判断"亦即从现象中获得的、人人都应有的美的感受，被康德主要用自然美而不是艺术作品的例子来说明。那种"无意义的美"告诫我们以概念来表达艺术的美。

　　我们在这里提到美学的哲学传统，仅仅是为了有助于我们所提出的问题的解决：在什么意义上，人们可以用一种共同的、二者通用的概念来表述艺术过去是什么、现在又是什么？问题在于，人们既不能谈论一种完全属于过去的伟大艺术，也不能谈论在排斥所有有意义的东西之后第一次成为"纯粹"的艺术。这是一种值得注意的实际情况。如果我们一旦挪到反思的立场，去思考我们所谓的艺术是什么、我们作为"艺术"来谈论的又是什么，那就会出现悖论：只要我们的心目中还有所谓的古典艺术，那它就是一种这类作品的创作，这些作品本身主要不是被作为艺术来理解的，而是作为在当时宗教的或者还有世俗生活领域里出现的形态，作为自己生活世界及其如宗教祭祀的、君主应酬之类重大活动的一种装饰点缀。但是，当"艺术"概念具有了对我们的独特含义、艺术作品开始完全独立之时，艺术就脱离了一切与生活的联系，艺术就成为马尔罗所说的"想象中的博物馆"，艺术除了艺术本身就什么也不是；这个时候，艺术发生了重大变革，这种变革在现代派中一直发展到排斥所有形象内容的传统和可理解的情感思想，以至在两个方面产生了问题：这还是艺术吗？以及这到底还想成为艺术吗？这种悖论的实际存在背后又隐藏着什么？艺术越成为艺术，除了艺术之外就什么也不是？为了沿着这个路子继续前进，在康德第一次面对实践目的和理论概念捍卫了审美的独立性的情况下，我们已经有了一个确定的方向。康德是用著名的"无利害的快感"那个措辞、即所谓美的愉悦来做到这一点的。"无利害的快感"在这里不言而喻是指：在"被表现的"或显现着的东西方面并没有实际的利害关系。因此，无利害的只是指审美行为的特性而言，即没有任何人可以按照理解提出对什么有利的问题："人们在某种东西上感到愉悦，人们的这种愉悦有什么用处?"

当然,这还是对一种比较浮浅的关于艺术亦即审美鉴赏经验的理解的描述。谁都知道,鉴赏在审美经验中表现为求同特性。然而作为求同特性,鉴赏已突出地表现为康德正确地所说的"共通感"[11],鉴赏是交往的——它显示了那种对我们所有人或多或少产生影响的东西。一种只是个体—主体的鉴赏,在审美的领域中显然没有什么意义。就这个方面来说,我们要归功于康德,是他使对审美要求的重要理解产生了作用,而又不把它纳入目的概念。但是,这究竟又是一些什么样的经验,正是借助于这些经验那种"自由的"无利害的愉悦的理念得到最大限度的兑现? 康德认为是"自然美",比方说花的天然斑纹的美;康德还想到了诸如装饰墙壁的裱糊纸,它的线条表现某种程度上提高着我们的生活情趣。附带有这样的表现,正是装饰艺术的任务所在。所以,美和纯粹美仅指自然物,在这种自然物中根本不带有人的意识;或者是指那种人们自己创造的东西,这些东西有意识地避免带有什么含义、而只是一种形式和色彩的游戏。这里,没有什么东西需要被认识或再认识的。的确,再没有别的什么东西能比一种花里胡哨的糊墙纸更令人吃惊的了,它的作为形象描绘的图案的唯一用意实际上只是为了引起人们对自己的注意。我们稚童时期的狂热谵妄也许明白这种图案究竟想表明些什么。在这种说明中重要的是,这里进入游戏的只是愉快的审美活动而不带有某种理解,也就是说,不存在把某种东西看作或理解为什么的问题。但是,这还只是说明了一种极端的事例。在这种极端的情况下变得明确起来的是,某些东西借助于审美的满足被接受了,而不涉及任何有意义的、归根结底不是概念地可传达的东西。

不过,这还不是引起我们思考的问题。因为,我们的问题是,什么是艺术——而且在这方面我们肯定不会首先想到点缀日常生活的手工艺品。当然,设计师也可以是优秀的艺术家;但是,按照他们自己的职责自有其效益性的任务。康德肯定了真正的美,或者正如他自己把这种美又称作为"自由美"。所以,"自由美"是指无概念的、无意味的美。

不言而喻,康德并不想说,艺术的理想就是去创造这样一种无意味的美。在艺术中,实际上我们总是处于一种不协调之中,这是一种观赏、事先成形——如我所命名那样——应有的纯粹立足点和我们在艺术作品中概念地理解到的、我们认为是十分重要的和每一次这种对艺术的鉴赏对我们来说都具有的意味之间的不协调。这种意味建立在什么基础上? 什么是附加的意味之外的东西,显然因为借助这种东西艺术才成为它所是之物? 康德并不打算从内容方面来规定这种额外的东西;这从我们将会清楚认识到的原由来看,确实是不可能的。不过,康德的伟大功绩则在于,他并没有在"纯粹鉴赏判断"的单纯的形式主义那里停滞不前,而是居于"天才观"而超越了"鉴赏观"[12]。根据独特的逼真直观,莎士比亚对当时受法国古典主义影响的审美趣味的突破,被誉为天才。当时,莱辛反对法国悲剧的审美律条——并且这一反对是以极片面的方式——而把莎士比亚称誉为天籁,其创造精神归结为天才[13]。事实上,天才被康德也是作为天生能力来理解的——他称天才为"自然的宠儿",这就是说,天才如此受自然的优宠,以致他随心所欲地、不必有意识地顾及规律地去创作,而其作品竟如同按照规律创作出来的一般;还不仅如此:好像作品竟是从未出现过的、按照从未掌握过的规律创作出来的;这才是艺术:她不制作仅仅合规则的东西,而是创造典型。与此同时,艺术作为天才的创作的规定,显然是从来不能与观众的相应鉴赏水平真正分开的。不论是艺术的创作还是鉴赏,二者都是一种自由的游戏。

　　鉴赏也是这样一种想象力和知性的自由游戏;那也是同样的自由游戏,即在艺术作品的创作中只是另一种方式的重要的,假如在想象力的创造下清楚地展现有意味的、明白理解的内容,或者如康德所表述的那样,这些内容可以"联想到许多不可名状的东西"。毋庸置疑,这并不是说,那些我们毫不费力地添加到艺术表现之中的事先把握的概念。这也许还可以说是,我们把直观地给定的东西作为一般性的一种个别情况,隶属于一般之下。但是,这些都不是审美的经验。更确切地说,这些概念一般来说只是在对个别的、独特的作品的观赏之中,按照康德的说法:"回响"——一个出色的表述,这个表述源自18世纪的音乐语言,特别是意指18世纪走红运的乐器、翼琴的独特的,余音不绝的回荡效果,它的特殊效果就在于:当弦完全被拨动之后,音响非常长久地回荡着。康德显然是指,概念的功能即在于去构成一种可以连续地进行想象力的游戏的共鸣板。这个问题就讲到这里为止。整个德国唯心论还都只是在现象中去识别含义或理念——或者随人们愿意去叫它为别的什么——而并不因此使概念变成真正的审美经验的基点。但是,借助于这一点人们能够解决我们的问题即古典艺术传统和现代艺术之间的统一性问题吗?人们将怎样理解现代艺术创作对形式的变革以及带有不同内容的并且发展到常常出乎我们意外的表演?人们又将如何理解那今天的艺术家或某些当代艺术的思潮称为艺术之敌的东西——即观众共同参与的表现者即兴发挥的文艺演出?杜哈姆普斯意外地、单独地表演一件日用品并由此造成的那种审美的惊人魅力,又该怎样理解?人们不能简单地说是:"一种莫名其妙的粗俗的胡闹!"杜哈姆普斯借助其表演揭示了某些审美经验的前提。但是,鉴于我们时代的这种探索中的艺术发展,人们又怎么可能从古典美学那里得到帮助呢?就此而言,看来需要回溯到人的那些更基本的经验。什么是我们的艺术经验的人类学基础?通过"游戏、象征、节庆"诸概念,这个问题会被阐明。

# Ⅱ. 游 戏

　　首要的是**游戏**概念。我们在这里必须获得的第一个自明性就是，游戏是人的生命的一个基本功能；因此，人类文化没有游戏这个要素是根本不可想象的。人们的礼拜等宗教活动中包含着游戏要素，这长期以来被胡钦格（亦译为：赫伊津哈）、古阿第尼（亦译为：瓜尔迪尼）及其他思想家所强调。值得去做的是，在其结构中回忆出人们游戏的基本事实，以便艺术的游戏要素不只是作为摆脱与目的的关系成为否定性的，而且作为自由的动力成为显而易见的。在任何情况下我们谈论游戏，其中又包含些什么？首先，无疑是不断自我重复着的运动的反复——人们很容易想到某些说法，比如"光芒的闪烁"或"浪花的嬉戏"，在这些地方就存在着一种如此持续不断的来来去去、反反复复，亦即存在着一种不涉及运动目的的运动。显然，这种往来反复所表明的不过如此，不管是这样还是那样的结局都不是运动的目的，运动以自身为目的。此外，毫无疑问的是，一种这样的运动需要游戏的空间。对于艺术问题来说，这一点特别值得我们深思。再说，这里所说的运动自由还有这样的意思，即这种运动必须带有自我运动的形式。自我运动，是一般有生命之物的基本特征。这一点，亚里士多德已经根据众多的古希腊哲学家的思想作了说明。有生命之物，在其自身中就有运动的原动力，这就成为自我运动。那么，游戏就表现为一种自我运动，这种自我运动不借助它的运动追求达到什么目的；运动只不过是指，作为所谓精力过剩现象、生命的自我表现的那种运动,实际上,这就是我们在自然界所见到的东西——例如蚊、蝇的嬉戏,或者如我们在动物世界特别是幼小动物身上可以看到的游戏的所有生动表现。所有这些游戏显然都来源于基本的由于生命力本身而急求表现的精力过剩本性。不过,人的游戏有自己的特殊之处,作为人的最固有标志的理性可以确定自己的目的,并且有意识地去努力实现这种目的,人的游戏可以包含理性而且又可以不具有带有目的理性的特征。也就是说,这是人的游戏的特性,这种游戏在动作的表演中某种程度上可以说约束和调整着自己的表演活动,就好像带有什么目的似的。例如,当一个孩子在球从他手里掉下来之前,他先估计球在地上能弹几下的时候。

在这里,在无目的行为方式中带有自己的规律,这就是理性。如果球只弹了10下就滚跑了,那孩子就会丧气;相反,如果球弹到30下,那他会骄傲得像个国王。人的游戏中的这种无目的合理性,会体现出一种十分重要的现象特征。因为,在这里表明了,现象的重复突出指的是其同一性。这里涉及的目的,虽然是一种无目的行为,但是这种行为被看作是目的本身。这就是游戏的含义。以这种方式,某些东西借助于努力、好胜和专心致志被表明。这是通向人们交往之路上的第一步;如果在这里某些东西被表现——它们又只是自我运动本身——那么就也适用于观众,并即他所"意谓"的那些东西——在游戏中我就像作为一个观众那样面对我自己。游戏表现的结果即在于,不是任何随意的东西、而是如此这般被规定的游戏活动最终完成了。所以,说到底,游戏是游戏活动的自我表现。

我应该紧接着补充:游戏活动的这样一种规定同时意味着,游戏总是要求他人一起参加。即便是观看一个来回玩着球的孩子的旁观者,也不能例外。如果这位旁观者确实"被吸引住"了,那他就是一起参加了,也就是说在精神上参与了这种自我重复着的运动。在游戏的更高级形态方面,这一点往往变得更为清楚:只要人们去看一下(比如在电视里)网球赛场上的观众!脖子伸得老长、关节都要错位了。没有人能够不情不自禁地参与其中。—因此,我觉得另一个更重要的因素是,游戏在下面这个意义上也是一种交往活动,即在根本看不出游戏者和看游戏的观众之间的区别这个意义上。显然,观众远不止是一个只是看着发生在自己面前的游戏的观察者,而且他是游戏的"共同参加者"、游戏的一个组成部分。当然,上面我们讨论的只是游戏的素朴形式,还没有涉及艺术表演。但是,我希望已足以证明,从宗教仪式的舞蹈到作为表演的祭祀庆祝,之间的区别是极其微小的;同样,从作为表演的祭祀庆祝到表演的完全独立、例如到从宗教祭祀联系中作为其表演而产生的戏剧之间,也不到一步之遥;或者,到在一种与宗教生活相联系的总体中产生其装饰和表现功能的造型艺术之间,这些都是相互转化交融渗透的。然而,这种相互转化证明了,在我们作为游戏来讨论的事物中,亦即在把一种东西**指称为某物**的地方,有着某种同一性,即便它是非概念的、无意义的乃至无目的的,甚而或许只是纯属自我规定的活动的预先规定。

我认为,这对今天关于现代艺术的讨论格外显得重要。它最终关系到作品问题。现代艺术的根本动机之一就是,它打算消除那种造成观众、消费者、读者与艺术作品对立的隔阂。毫无疑问,近五十年来那些富有创造性的著名艺术家的努力目标,即在于去消除这隔阂。也许,大家还记得贝尔托·布莱希特的叙事戏剧的理论,他通过有意识地破除舞台现实主义、性格塑造、简而言之即人们在一出戏剧中所追求的一致性,坚决地把沉迷于舞台梦作为一种人类和社会相互关系意识的廉价的补偿物来进行抨击。不过,人们或许能够在现代的艺术试验的任何形式中看出,其主旨即在于把观众的隔阂改变成作为共同参与表演者的相互关联。

那么,这不就是说,不再存在(独立意义上的)艺术作品了吗? 事实上,今天有不少艺术家就是这么认为的——还有一些附和他们的美学家——似乎由此而放弃了艺术作品的独立性。但是,倘若我们回忆一下我们对人的游戏所作的论断,那么我们自己就会在那里发现一种关于理性的重要经验,例如,在服从自己制定的规则方面,在人们试图重复的东西的同一性方面。在这一点上,就有点像游戏中的解释学的同一性——而且这对于艺术的表演来说更是毋庸置疑的。把作品的独立性混同于与欣赏这些作品、并由艺术作品而造就的观众的隔绝,这是犯了一个错误。艺术作品的解释学的同一性,有待于进一步作更深入的论证。当稍纵即逝的、一次性的东西被作为审美的经验看待或评价时,这些东西才被认为是处于同一性之中。我们以管风琴即兴演奏为例。人们决不会再一次听到这种一次性的即兴演奏。而管风琴师本人事后也再也搞不清楚他究竟是怎么演奏的,也没有人把它录下音来。尽管如此,所有人都说:"这是一次完美的即兴演奏、一个天才的表演",或者可能用另外的话说:"这是目前极少有的"。我们这些话指的是什么意思? 显然,我们是回过头去评价那次即兴演奏。对我们来说,它还"保留"着某些东西在那里,它有点像一件艺术作品,而不是单纯的管风琴师的指法练习。要不然的话,人们就无法评价演奏是否精彩。这就是形成艺术作品独立性的解释学的同一性。我必须作为理解着的去识别。因为,那里曾存在的某些东西,即是我曾判断的东西,我曾"理解着"的东西。我把某些东西分辨为过去意味着是什么、现在又意味着是什么,并且只有这种同一性才构成艺术作品的意义。

如果这是正确的——而且我认为,它具有真理本身的自明性——那么,就根本不可能存在这样一种艺术生产,这种艺术生产并不以同样的方式始终把它所产生的东西作为其实际存在的那样去看待。这甚至可以从随便一种器具——比如一个瓶架——这种明显的例子那里得到证实,当它出人意外地像一件艺术作品那样以一种如此强烈的效果出现在那里时。在这样一种影响效果中并作为这种曾存在的影响效果,有其规定性;也许,它不是经典的无时间期限意义上的那种永久存在着的艺术作品;但是,在解释学同一性意义上,它毫无疑问是一件"艺术作品"。

艺术作品概念恰恰根本不受古典主义者的和谐——理想的约束。

假如还具有完全不同的形式,按照这些形式产生着普遍赞同的同一性;那么,我们还得进一步自问,究竟借助于什么东西这种普遍赞成得以实现。不过,这里面还有其他因素。倘若,这就是作品的同一性,那么作品总只是为"参与表演"的、亦即主动地发挥独特功能的观众,提供一种真实的感受、一种真正的艺术经验。这些究竟又是通过什么来实现的呢?当然,不是通过那仅仅记住的东西;此外,还有观众与作者、表演者之间视为一致的东西;不过,不是那种特殊的赞成,由于这种赞成而"作品"对我们具有某种含义。什么是因此而"艺术作品"作为作品才具有它的同一性的东西呢?换句话说,什么东西使它的同一性变成为一种解释学式的呢?这种不同的说法显然是指,它的同一性恰恰就在于,在打算被作为其所"指谓"的或"说出"的东西来理解的事物方面,某些东西是"可以理解"的。这是一个由"作品"提出的有待于兑现的要求。亦即期待一种只能由接受要求的观众才能作出的回答。而这种回答又必须是他自己主动提供的。游戏的共同参与者是游戏的组成部分。

我们懂得一切出自仅仅是自己经验的东西,例如,参观博物馆或听音乐会都是极大的精神劳动的消费。那么,人们究竟怎样对待?这些方面肯定是有区别的:一方面是复制的艺术;另一方面则从不涉及复制,而是人们直接面对就在墙上挂着的原作。再如,当人们穿过了一个博物馆,从博物馆里出来时就不再带有他们进去时所带的那同一种生活意识;如果人们真的从艺术那里获得了一种经验,那么世界就变得光明多了、人世生活也就变得轻松多了。

作为再认识、理解的同一性问题的规定的艺术作品的规定,此外还包括,这样一种同一性是和变化、差异联系在一起的。任何一件艺术品仿佛都为每一个感受它的人留有一个他得去填补的活动空间。甚至,我可以用古典主义者的理论观点来证明这一点。例如,康德有一个十分值得今人注意的理论。他维护这样一种观点:就绘画而言,美的真正支柱是形体。与此相反,颜色只是刺激,也就是说只是一种对感官的触动性,它仍然是主体的、倘若它不涉及真正艺术家的或审美的形象塑造<sup>[14]</sup>。谁懂得一点古典艺术——例如托尔瓦德森——谁就会承认,对于这种苍白如大理石的古典艺术来说,事实上占据主导地位的正是线条、素描和形体。当然,康德的观点带有其历史局限性。我们决不会同意,颜色只起刺激作用。因为我们知道,人们也能用颜色来造型,绘画作品的创作不必局限于线条与素描的勾勒形式。不过,我们在这里感兴趣的并不是这种受历史局限的审美观的片面性,我们感兴趣的只是:当时康德特别加以重视的是什么。究竟是什么原因使得形体被如此强调? 答案是:因为人们得画出形体来,如果人们看到了形体的话;因为人们必须有效地构成艺术形式,正如每一种艺术结构所要求的那样,在这一方面,绘画的艺术结构和音乐的、戏剧的以及文学的艺术结构都差不多;这是一种永远共同参与的——动态——的存在。而且它显然就是被纳入这种可变动性的作品的同一性;这种可变动性并不是随意的,而是被指导的。并且为了所有可能的实现又硬被塞进某种模式中去。

再比如文学。首先得强调,这正是著名的波兰现象学家罗曼·殷加尔登的功绩所在<sup>[15]</sup>。一部小说的引起联想的功能是怎样显示的? 我举一部名著为例:《卡拉马佐夫兄弟》。那个地方就是斯麦尔加科夫摔跤的楼梯。这个情节被陀思妥耶夫斯基以某种方式描写过。这种描写使我非常清楚地知道,那楼梯看起来是个什么样子。我知道,开始它是什么样子,然后变得昏暗,接着又向左拐弯。这一切我都了如指掌;不过,我也知道,别人并不像我这么去“看”那楼梯。的确,每一个受这种杰出的小说艺术感染的读者,都会从自己的角度非常清楚地去“看”那楼梯,并且都确信自己所看到的正是那楼梯的本来面目。这就是富有诗意的文学以这样的方式所形成的自由天地,我们随着小说家的语言所引起的联想去填补这种空间。在造型艺术中,情况也差不多。这是一种综合活动。我们必须联合、把许多东西综合在一起。“读”一张画,正如人们所说的那样,就像读文章。人们着手去“读懂”一幅画,就像是去读懂一段文字。并不只是立体派的绘画才需要这么去做。立体派的绘画提出了这种课题——诚然是以非常极端的方式——因为它要求一个接一个地可以说是从不同角度去观看同一事物的许多侧面,以致最终被描绘的东西通过繁复多变的视角表现出来,并因此以一种新颖的丰富色彩和立体效果出现在画布上。不过,并不是从毕加索、布拉克和其他立体派画家那个时候起,我们才这样去"读"画。这向来就是如此的。例如,有谁赞赏提香或委拉斯凯兹的名画;一个骑马的哈普斯堡后裔,与此同时只是想:啊,这是卡尔五世。那么,他实际上是根本没有看懂这幅画;看一幅画需要一点一点地去看明白,因此某种程度上可以说绘画是逐字逐句被读懂的;最后,通过读者这样一种理解重新构成画面,与这种画面一致的含义才算是理解了的:一个统治者的含义,在这个统治者的王国里他拥有永久、绝对的权威和影响。

所以,我原则上可以说:它始终是一种反思的成果,一种艺术鉴赏能力的成果,无论是我从事传统艺术创作的程序化的造型,还是服从现代派的创作的需要。反思游戏的重建成果作为一种需要,存在于这种艺术作品之中。

出于这个理由,我认为二者并不矛盾,既存在一种人们能够欣赏的过去的艺术;同时又存在一种现代艺术,这种艺术借助于艺术家创作的手法使读者不得不进入共同创作。游戏概念的引进,其最根本的一点恰恰是为了指出,任何观看游戏的人都是游戏的共同参与者。这也应该适用于艺术表演,也就是说,这里原则上不存在艺术的原作和这种原作的被经验二者之间的割裂。其含义我尽可能明确地作了总结,即人们还得学会读懂我们不太陌生的、借助于内容的流传而具有意义的古典艺术作品。但是,读懂并不只是一个字母一个字母地拼读和一个词一个词地照本宣科,而是首先意味着贯穿持续不断的解释学活动,这种活动受对整体思想的猜测的支配,并且最终由个别而导致在总体思想贯彻中成为现实。人们也要考虑到,如果有人念一篇他根本不知是什么意思的文章,那又会怎么样呢? 那就不会有什么人能真正听懂他在那儿念些什么。

作品的同一性,并不是由任何古典主义者的或形式主义者的规定来保证的,而是通过一种我们把艺术作品重建真正当成我们自己的任务的方式得到兑现的。倘若这就是艺术经验的关键,那么我们就该想到康德的功绩,他证明了,在这个方面,一件按其艺术特性表现的、明白易懂的艺术创作,与概念的联系或对概念的从属性并无干系。艺术理论家和美学家理查德·哈曼对此,则作过这样的表述:这事关"感知觉的独特意义"[16]。这应该说,感知觉已不再被纳入实用主义的生活关系并在这些关系中发挥作用,而是根据感知觉自身的含义来显示和表现。为了以普遍适用的意义去满足这种表述,人们当然得使自己明白感知觉的含义是什么。感知觉不允许(这对哈曼来说在行将终结的印象派时期大概还是容易理解的)作这样的理解,即作为仅仅审美地取决于某种程度上可以说是"事物的感性外壳"的东西。感知觉,不是人们只不过把各种不同的感官印象凑合在一起;而是意味着(正如感知觉这个贴切的词本身就已表明的那样),把某种东西"看作是真的"。不过,这就意味着:呈现在感官之前的东西,被作为某种事物来看待和接受。有一种简化了的关于感知觉的教条主义概念,我们把这个概念通常作为审美的准则来确立的;我经过这种考虑,在我自己的研究中就选择了这种似乎有点过分雕琢的措辞,这一措辞本该表示感知觉的深刻程度:"审美的无差别"[17]。用这一措辞我是为了说明,这是一种不怎么高明的方法,如果人们可以不考虑艺术作品给他们的意义,并想使自己完全满足于"纯粹审美地"去估价艺术作品的话。

这就好比是戏剧表演的批评家只是根据导演的优劣、具体的演员角色的分派的水平等等来作分析研究。虽然,这种分析研究做得很好、很正确——但是,这并不是艺术作品本身及其在表演中为人们取得的意义如何变得一目了然的应有方式。只有一件艺术作品被表演的特殊形态及在其背后隐藏的艺术作品的同一性之间的无差别,才形成了艺术的经验。而且,这不仅仅适用于被表演的艺术及其产生的效果。尽管如此,作品按照它的性质以一种很特别的方式显示其自身,这始终是有价值的,即便是在反复变换地观赏同一件艺术作品的情况下。当然,对于被表演的艺术来说,变化中的同一性得以一种双重的方式来实现,倘若表演这种再创作如同原作那样,它们都为自己经历过同一和变化的话。我如此作为审美的无差别来说明的东西,显然具有想象力和知性相互和谐的固有意义,这是康德在《鉴赏力批判》中已经揭示过了的。在人们看到什么的情况下、或者也只是为了看到某种东西,人们得有所想象,这永远是正确的。但是,在这里它又是自由的、不为概念为目的游戏。这样一种相互和谐迫使我们面临这样的问题:在这样一种形象创造和领会——理解能力之间自由游戏的方法所建立的东西到底是什么? 对我们来说,某种东西可以作为有意义的来经验和被经验,其所依据的意义又是什么? 看来,所有典型的模仿理论或临摹理论、所有自然主义的复制理论都完全不顾事实。毫无疑问,使"自然"完全地、不走样的成为模本和映象,这从来就没有成为过一种伟大的艺术作品的本质。这一点,历来是肯定无疑的——就像我在追究委拉斯凯支的《卡尔五世》时已经指出过的那样——因此,读者对一幅画的再创造,作出了自己特有的艺术风格方面的贡献。画幅中委拉斯凯支所画的那些马,有那么一点特别,以至于常常使观众首先想到自己童年时期玩的木马——而此外便是这一大帝国皇帝的统帅、大将军的张望和那种闪烁的目光:这又怎样相互协调,正是从这种相互协调中,感知觉的固有深刻意义又怎样在这里重新建立,要是真的有人忘记了这是真正的艺术作品,也许他就会问:真的马是这样的吗? 也许还会问:君主卡尔五世本人的相貌真的是这个样子吗? 这个例子可以使人意识到,问题确是非常复杂的。我们究竟理解了些什么? 艺术为什么表现、又为我们表现了什么? 为了在这方面确立一种对一切模仿理论的最有效的抵制,我们要牢牢记住,我们不仅是从艺术、而且也从自然获得这种审美的经验。这就是"自然美"的问题。

对审美的自律作过明确表述的康德,他甚至也把自然美作为主要的研究方向。我们对自然作审美考察,这决不是没有意义的。在生殖的自然能力方面使我们感到的美,就好像是自然为我们所展示的它的美,这是一种近乎不可思议的道德经验。在康德那里,自然美所迎合的人的这种特点,具有一种创世说的理论背景,并且也是一种不言而喻的基础;正是在这种基础上,康德把天才的、艺术家的创作描述为一种类似于自然和神造万物所具有的最旺盛的繁殖能力状态。但是,自然美显然带着一种康德所说的特有的不确定性。而在艺术作品中,我们总是力图把某种东西作为**某种特定的事物**来认识或说明——即便可能是出于不得已而为之;与一切艺术作品相区别,自然美是一种从自然中显示对我们的意义的那种很少人间意味的不确定的精神力量。只有对自然美的发现的这种审美经验的更深入分析,才会使我们明白,上面所说的在一定的意义上是一种假象,而事实上我们不可能用不同于艺术地经验和受过艺术训练的人的别的眼光来看待自然。大家回忆一下,比方说,18世纪的旅行见闻报道所描述过的阿尔卑斯山:令人恐惧的山脉,其可怕的使人毛骨悚然的野性,使人感觉不到人的此时此地生活的内在性、人性与美。而与此相反,今天所有的人都深信不疑,在我们崇山峻岭的雄险中,不仅仅表现了大自然的崇高,而且也表现了大自然原有的美。

十分清楚,这里的问题究竟在什么地方。在18世纪,我们是用受过理性规则训练的想象力的那种眼光去看问题的。在英国式的园林风格装扮出那种新的天然的或酷似自然的样式之前,18世纪的园林总是建成几何图案型的,仿佛是人们的住房向大自然的一种伸延。因此,事实上正像所举例子所表明的那样,我们是用一种富有艺术素养的眼光去看待大自然的。黑格尔曾正确地认识到,自然美是艺术美的一种反映[18];因此,我们是在艺术家的创作和鉴赏力的指导下学会发现大自然中的美的。不过,问题在于,黑格尔的这种看法在现代艺术处于转变状态的今天对我们又有些什么用处。由这种状态可知,仅从自然风光我们是很难获得对自然风光中美的卓有成效的再认识的。因而在事实上,我们今天必然把自然美的经验简直是作为一种对受过艺术教育的鉴赏要求的校正来看待的。借助于自然美我们再次被提醒,我们在一件艺术作品中认识到的东西,根本不是艺术语言所要表现的。这正是参照系的不确定性,借助于这种不确定性,我们对现代艺术产生了兴趣,它使我们充满着对呈现在我们眼前事物的含义意识、特殊含义的意识[19]。和这种参照系的形成一起进入不确定性的又是什么? 借用一种特别是由德国古典作家、由席勒和歌德创造的词义,我们把这种功能称作为记忆的保存。

# Ⅲ. 象 征

什么叫作**象征**？起初，这是一个古希腊语的专门用语，意思是指记忆的残片。那个时候，主人给来访的客人以所谓的"结识的纪念品"；据说，主人把这作为纪念品的镶嵌物分为两半，自己留一半，另一半送给客人。三十或五十年后，当那个客人的后裔又来到这里做客时，大家就相互用这个纪念物的两半拼合起来相认。古希腊罗马时期证明身份的证件，这是最初的记忆符号的专有词义。这是人们用来辨认某人过去是否相认过的凭据。

在柏拉图的对话《宴会》篇中，曾讲述过一个非常美丽的故事，按照我的看法，这个故事更深刻地指出了艺术为我们所显示的那种重要意义。在这个故事里，阿里斯托芬叙述着有关爱情本质的往事。他说，人类本来是一个球体；后来，他们行为不大检点，因此，神就把他们劈为两半。此后，那完整的生命的、存在的球体的每一半都力图从另一半那里得到弥补。这是人类整体性的证明，即每一个人仿佛都只是一个残缺的部分。爱是一种渴望，一种要求复原为整体的残缺部分，在与另一半的遇合中得到满足。这种关于情投意合和心灵亲睦的意义深刻的譬喻，可以改变艺术意义上的美的经验的看法。在这一点上是显而易见的，因此，艺术美、艺术作品所具有的重要含义，指的并不就是可见的、可理解的视听感官本身所直接把握的东西。然而，这样一种意义所指，它又意味着什么呢？指示的本来功能是面向其他不同的东西，面向人们也能直接地掌握或经验的东西。如果真是这样的话；那么，象征就该是至少从古典的语言习惯用法起我们就称之为寓意的东西：其他不同于所指的东西被说出，而人们也能直接说出所指的东西。并非以这种方式指向其他不同物的古典主义的象征概念的后果是，我们从寓意那里得到了与自己完全不相称的令人扫兴的、非艺术的含义。一种必须事先知道的意义关系说明了这一点。与此相反，象征、对保存记忆之物的经验所指的则是，这种个别的、特殊的东西表明自己是存在的一个残缺部分，这种残缺部分预示另一个与它相符的可嵌合的、复原为整体的部分，它也总是被寻求的、复原为整体的另一半亦即属于我们生活的不完善部分。我并不认为，这样一种艺术的"含义"如同晚期资本主义的视文化如宗教的那样，受社会的特有条件的制约；相反，美的经验尤其是艺术意义上的美的经验，是对一种可能的美的存在的永恒秩序的召唤，而它究竟在何处则并不重要。

　　如果我们对此再深入思考一下，那么，这种经验的多重性就变得富有意义了，我们把这种多重性像看作一种现代的在同一幅画上表现不同时间发生的事情的绘画那样，完全看作是一种历史的真实性。在经验的多重性中，残缺部分嵌合的相同的信息一而再、再而三地并且以我们称之为艺术作品的差别最大的特性引起我们注目。我认为，事实上这就是对如下问题的更准确的回答："美的和艺术的深刻意义是什么？"它说明，在与艺术交往的特性中并不是个别的东西被经验，而是可经验世界的和人在世界中存在的地位的总体性，也正是人的不可超越的有限性，成为经验。在这个意义上，我们就可以再向前迈出重要的一步，并且可以说，这不意味着那种使艺术作品对我们具有意义的不确定的意义追求，任何时候都可以得到完全满足，以至于我们明白地、正确地全面掌握了这种意义整体。这个意思正是黑格尔要证明的，当他把"理念的感性显现"作为艺术美的定义来阐述的时候。根据这一名言，实际上是在美的感性显现中，人们唯一能看到的理念成为了现实。尽管如此，在我看来这不过是一种唯心论的骗局。它并不符合作品表明为创作而不表明为对我们的信息传达这一本来的实际情况。人们在概念中可能获取由艺术给我们的意义内容的期望，总是早已冒险地超过了艺术本身。然而，这刚好又是黑格尔的主导信念，这种信念把黑格尔引向了艺术的过去属性这一主题。我们就把这种信念作为黑格尔的基本观点来解释，要是在概念和哲学的形态中，能够得到一切在富有个性的感性的艺术语言中神秘地、非概念地使我们感兴趣的东西的话。

然而，这是一种唯心论的骗局，这种骗局被所有的艺术经验、特别是现代艺术所揭穿，现代艺术坚决反对从我们时代的艺术创作中希望得到，似乎可以用概念的形式把握这种方式的意义的辨认方向。我不同意这样的观点，认为象征之类、特别是艺术的象征是建立在显示和隐匿的无法解决的矛盾基础之上的。鉴于艺术作品的不可替代性，它不是单纯的意义载体——因此这种意义似乎也可以由别的载体来承担。恰恰相反，一件艺术作品的意义是以它彼时彼地的存在为基础的。为了避免任何含义的不当，因此我们应该用另外一个词即"构成体"来代替"作品"这个词。这大体上是说，诗歌的吟诵如奔腾的河流瞬息即逝，它以一种捉摸不定的方式结束了，变成了一种构成物，正如我们所说的一座山的岩石层构造。这样一种"构成体"，主要不是那种人们可以认为是某人有目的地制造的东西（正如它经常被同作品的概念联系在一起那样）。谁创作了艺术作品，谁就实际上得到了他亲手做出的产品，这跟别人并无两样。这是一个从计划、制造到完成之间的飞跃。既然它"完成了"，因此它就永远存在于"此"；对于观赏它的人来说，它是可见的，它的"本质"是可理解的。这是一种质的飞跃，借助于这种飞跃，艺术作品突出了它的个性和不可更换性。这就是瓦尔特·本杰明称之为艺术作品的生存空间的东西[20]，也是我们大家所熟悉的东西，比方在对人们称之为亵渎艺术的不满中。一种艺术作品的损害对于我们来说，仍然总是带有某些亵渎宗教的意味。

上述思想，会使我们对弄清楚由艺术产生的不单纯是意义的揭示的有效范围有所准备。也许，可以更确切地说，那是把意义隐匿于固定的事物之中去；因此，意义并非被融合渗透，而是被固定和隐匿在产品的构造之中。最终，我们要把这种可能性，即摆脱唯心论意义概念的可能性，甚至可以说是在显示、揭露、公开和掩盖、隐匿的双重转变中获得从艺术中提出的真实性和存在的丰富多样的可能性，归功于海德格尔在我们世纪所开创的思想方法。他指出，古希腊的去蔽概念只是人在世界中的基本经验的一个方面；除了去蔽之外，与其不可分割的正是遮蔽和隐匿，正是人的有限性的另一方面。这样一种给作为纯粹意义复合体的唯心论规定界限的哲学见解，意味着在艺术作品中具有比只是以不确定的方式可作为意义来经验的含义更多的东西。艺术作品成为这样一种特殊的构成那种"更多"的事实：亦即因此存在着某些东西。换成里尔克的话来说："因此某些东西存在于人与人之间。"这样一种的某物存在的（与逻辑性相反的）事实性，同时也是对所有自信的依据思考寻求意义的一种不可战胜的对抗。艺术作品迫使我们承认这一点。"在那里没有你的立足之地。你必须改变你的生活。"那是一种借助于特殊性而发生的打击，在这种特殊性中我们获得所有的艺术经验[21]。

首先，这导致关于艺术的含义究竟是什么的问题被概念地测定的自明性。我打算把象征的概念如同被歌德、席勒所斟酌过的那样，按照如下方向进一步深化；更确切地说，在其自身相应的深度扩展。因此，我说；象征不仅指向含义，而且使这种含义成为可理解的：象征代表着含义。关于"代表"这个概念，人们应该从教会法的和国家法律的代表概念角度去进行理解。在那里，"代表"并不是指某种东西受委托地或者非本意地、间接地存在于某处，好像它是一个替身、一件代用品似的。恰恰相反，被代表的东西本身就在场，就像它完全能够在场一样。应用于艺术，某些东西就被代表中的这种直接存在所表现。这就例如一个众所周知的、有很高社会声望的人，在肖像画中被典型地描绘那样。这个总是被悬挂在议会大厅或主教官邸或其他地方的画像，应当是他（或她）的现实存在的一部分。他（或她）已经实际存在于其所扮演的角色中、典型的肖像画中。我们认为,画像本身就是有代表性的。当然,这并不意味着是一种偶像的崇拜;但是,它也决不是单纯的记忆符号、对此在的暗示和替代,如果它指的是一件艺术品的话。

对我——作为耶稣教徒——而言,在耶稣教会中已见分晓的关于圣餐的论争一向具有非常重要的意义,特别是浸礼会教徒和路德之间的争论。和路德一样,我相信,耶稣的这段话"这是我的肉,那是我的血"并不是说,这是面包和葡萄酒所"意谓"的。我相信,路德已完全正确地看到这一点,并且如我所知的那样,在这个问题上他绝对坚持了古老的罗马—天主教的传统:作为圣餐的面包和酒,就是耶稣基督的肉和血。——我谈到这个教义问题只是为了说明,假如我们打算考虑艺术的经验的话,那我们就会想到甚至是不得不想到诸如此类的事;就是说,在艺术作品中不只是意味着某种东西,而且这被意味的本来就在艺术作品中实际存在着。换句话说:艺术作品就是存在的增殖。艺术作品区别于所有人类的手工和技术的产物的地方,就在于后者只生产我们实际的、经济生活所需的工具和仪器设备;我们制作的只是作为工具器械来使用的所有东西,显然都属于这一类。当我们得到一件实用的家务器具时,我们并不认为它是一件"作品"。它只是一种用具。这种用具是可以重复生产的;因此,对于被规定的所设计的功能关系而言,它具有一种所有同类器具或这种器具零件的基本的可替换性。

与此相反,艺术作品是不可更换、代替的。即便在我们所处的、我们可以获得最出色的简直可以乱真的艺术复制品的复制时代,情况仍然是如此;照相或灌唱片都是复制,而不是上面所说的那种代表性。这样一种复制并没有给艺术作品所标志的那一次性产物再增添什么(即便是唱片,作为一种"演奏"的一次性产物亦即一种复制本身,也还是一样)。如果我找到一种更好的复制品,我就用它来替换旧的;如果我失去了它,那我就设法再搞到一个新的。什么是这种不同的在艺术作品中仍然是现实存在的,但是又与一种任意的、经常可制作的器具中不同的东西呢?

　　对于这个人们只得重新正确理解的问题,有过一种古代的答案:在艺术作品中存在着某种类似模仿的东西。但是,模仿在这里并不意味着仿造某种过去已知的东西,而是使某种东西得到表现;因此,这种东西以此方式在感官的满足中得到实现。模仿这个词的古代用法是从星星的闪烁中推敲得出的[22]。星星,是构成天空秩序的纯数学的规则和尺度的表现。我认为,在这个意义上传统是正确的,如果传统认为:"艺术总是模仿";也就是说,艺术使某种东西得到表现。在这个方面,我们务须避免误解为:这种得到表现的东西,似乎是以不同于借助上述自我表现的方式而成为可理解的,"此"在的。正是以此为基础,我把要么抽象要么具象的绘画问题看作是一种错误的文化的和艺术的决策。其实,存在着非常多的不同艺术塑造形式,在这些形式中"某种东西"自我表现;因此,自我表现的东西总是可以集中于只能这样的、一次性的形象塑造,并且作为规则、条理的保证也是有意义的,而且与我们的日常经验相区别。艺术所造成的象征性的体现,不必非得依赖事先规定的东西不可。恰恰相反,艺术的特征正是在于,在艺术中被表现的东西,即便其含义有多有少甚至一点也没有,这种东西仍如同重新认识那样使我们留恋和中意。它可以证明,正是从艺术的这种特征中显示出一切时代的和今天的艺术为我们之中每一个人所提出的任务。任务就是学会去听懂艺术作品所想说的东西;我们将不得不承认,这种"会听"首先是指,把一切变得听而不闻、视而不见的东西,从正在扩展为越来越有魅力的文化的事物中提取出去。

　　我们对自己提出了这样的问题:究竟什么东西被美的经验、特别是艺术的经验传达了? 在这方面,人们必须获得的十分重要的认识是:对意义的翻译或介绍,人们并不能说明什么。否则,怀有这种希望,人们就会立即把所经验的东西纳入理论理性的普遍的意义追求之中去。只要人们同唯心论者如黑格尔一样,把艺术美定义为理念的感性显现——这本身是柏拉图关于善和美的统一性的提示的一个天才的复兴——那人们就不可缺少地要具有下列前提,即人们能够超越这种真理显现的方式,思考理念的哲学思想也正好就是所谓这种真理的最高级、最恰当的把握形式。在我们看来,唯心论美学的错误和不足就在于,它没有看到,真理的显现和特殊性的获得恰恰只存在于特殊的事物之中;在这种事物中,艺术的特性对我们来说是作为一种绝对不可超越的东西出现的。这就成了象征符号的意义,成了象征性的,这里随之出现了一种指示的悖论形式,这种指示形式在自身中既体现了甚至也证实了象征符号所指的含义。艺术只出现在这种与纯理论的把握相对立的形式之中——这是艺术给我们的一个重大打击;因此,我们面对令人信服的艺术作品的强大魅力,往往总是出乎意料、总是无法抗拒。由此可见,象征符号的和象征性的东西的本质即在于,它们并不涉及知性地去获得的意义目的,而是把它们的意义保留在自身之中。

这样,对艺术的象征特性的阐述,就和我们前面对游戏的思考联结起来了。在那里,我们所提问题的角度也是出于:游戏一向就是自我表现的一种方式。游戏在艺术那里找到了它带有存在的增殖、代表性、存在的增益的典型特征的表现方式,而存在者则通过其表现而获悉这种特征。在这个问题上,我认为唯心论美学需要修正,因为这对于如何更恰当地去把握艺术经验的这种特征,关系重大。从这个方面可导出的普遍结论,早就酝酿了;也就是说,总是带有某种形式(不论是具象的、不陌生的传统形式还是今天"陌生的"反传统形式)的艺术,绝对需要我们进行自己的重建工作。

我打算从中得出一种结论,这种结论可以帮助我们获得一种真正综合的由共同性构成的艺术的结构特征。在艺术作品的表现方面,并不涉及艺术作品表现什么非其自身的东西,因此其本意不在比喻,即说出什么,以便人们在这方面想到些别的东西;而在于人们只能在其自身中发现它要说的东西,这一点,本该被理解为一种普遍要求,而不仅仅是所谓现代派的一种必要条件。倘若有人观赏一幅画时首先去问它表现了什么,那就成了一种天真得出奇的把具体事物抽象化。当然,我们也理解这一点。它总是保留在我们的感知觉中,只要我们能把它辨认出来；但是，它肯定不是被我们作为感受作品的根本目的来看待。大家只要想一想所谓的无标题音乐，就可以肯定这一点。这是抽象艺术。也就是说，它可以是无意义的，也可以以明确规定的理解的和统一性的着眼点为前提——即便这是偶尔被尝试的。我们也知道，从属的具有相反性质的标题音乐，或许还有歌剧、音乐剧的这类形式，它们作为附属的形式正是溯源于无标题音乐，还有欧洲音乐的这种伟大的抽象的艺术成就及其高峰，在古奥地利文化基础上形成的维也纳古典乐派风格时期。无标题音乐这个例子，正好可以说明那使我们常常紧张不安的问题：为什么一个音乐作品使我们可以说，"它有点平淡乏味"；或者可以说，"这才是真正伟大的和深刻的音乐艺术"，比如贝多芬晚年的弦乐四重奏。这些说法的根据是什么？这里由什么来保证这种性质？当然不是任何一种确定的与我们可以作为意义来说明的东西的相互关系。但是，也不是那种可以定量地规定的衡量信息的尺度，如同信息美学试图愚弄我们的那样。那种东西似乎不那么取决于质的变化。一首舞蹈歌曲为什么能够被改编成基督受难的赞美诗呢？其中总带有一种秘密的言辞的含义？某种含义是可能存在的，音乐的解释者们总是一再试图去找出这样一种依据，某种程度上可以说是概念化的最后残存的一点东西。在观赏抽象艺术时，我们也将永远不可能完全排除我们按日常的世俗生活方向所针对的具体对象。因此，我们全神贯注于音乐的演奏时，是用与通常我们试图来理解言词的一样的耳朵去听的。在正如人们所喜欢表述的非文字的音乐语言和我们特有的言谈与交际所获得的文字语言之间，保留着一种不可避免的联系。与此相仿，大概在具象的观看、处世态度和艺术家的要求之间，也有一种联系，艺术家需要异乎寻常地从一种具体可见的世界要素中创作出新的音乐作品来，并分享其紧张的强烈程度。

再一次说明这种界限问题，是对弄明白交往活动的一种必要准备，这种交往活动是艺术对我们的要求，并通过交往活动使我们联系起来。一开始我就说过，所谓的现代派至少从 19 世纪初，就处于从人文的一基督教的显而易变的共同性里面摆脱出来的状况之中；就不再带有那些非常明显地联系着的内容，这些内容是可以保留在艺术造型的形式中的，以至于每个人都把它看作是新的表现形式的不言而喻的语汇。事实上，这是不同的亦即正如我表述的那样，因为从那个时候起，艺术家的重点不在于表现人的群体，而是通过他的自我表现来造就这种社会群体。尽管如此，艺术家造就的正是他的社会群体，按照意向性这种社会群体是尘世、是人类生存世界的整体，是真正共相的。本来，每一位艺术家都应该——这是对所有艺术创作者的要求——让别人对他在艺术作品中所说的艺术语言发生兴趣，都应该把这种艺术语言变成他所特有的。是事先具有的我们世界观的不言而喻的共同性理解艺术作品的形式和形象，还是我们先得按照我们面临的艺术家的构成物某种程度上可以说是"逐字逐句地去拼读"，得学习艺术家在这方面对我们所说的字母和语言，这里总是存在着不管怎么说是一种集体的成果，一种潜在的共同创造的成果。

# Ⅳ. 节 庆

我要讲的第三个题目是：**节庆**。如果与所有节庆的体会联系起来，那么它就意味着不存在任何与世隔绝。节庆是集体运动，是共同性在其完美形式中的表现。节庆活动总是对所有人而言的。因此，如果有人没有参加节日庆祝的话，我们就说"某某人是个例外"。弄清楚节庆的特点和与此紧密相连的时间经验的结构，决非易事。在这方面，人们并不认为以往的研究方法会提供什么帮助；不过，也还有一些著名的学者，他们把自己的注意力转向这个方向。我指的是古典语言学家瓦尔特·弗·奥托[23]，还有德语——匈牙利语的古典语言学家卡尔·凯雷尼[24]。当然，究竟什么是节庆，什么是节庆的时间，这一向是神学的一个课题。

也许，我可以从下面这个最基本的考察开始。人们说："节日被庆祝，节日就是进行庆祝活动的日子。"但是，这种话是什么意思？什么叫作"庆祝一个节日"？"庆祝"仅仅是意味着某种否定性的东西：不工作？如果是的话——为什么？那答案想必一定是：因为工作显然把我们分离和孤立了。按照我们工作目的的方向我们各自东西，在所有人群聚集的地方，在那形成了共同的追求或分工的生产的地方。与此相反，节日和庆祝活动显然表明，即只有在庆祝节日时人们才不是被分隔，而是使所有的人聚集在一起。的确，关于这种节日庆祝的突出特点，我们也不可能表达得更好了。庆祝，是一门艺术。根据这一点，我们进一步考虑了古老的时代和原始的文化。人们自问:这种艺术究竟存在于什么之中？看来是存在于一种不能完全确定的集体性之中,存在于没有人能说清楚的、但是人们毕竟聚集和被召集于某种场所的那种聚会之中。这就说明,庆祝节日与艺术作品的经验绝非偶然地具有相似之处。在节庆方面还有我们称之为风俗习惯的不同的庆祝方法,古老的习俗、而且没有一种习俗是不古老的;也就是说,它已变成了一种固定的习俗程序。因此,也就有了与节日庆祝相称的类别不同的有关说话格式。人们讲每种节日该讲的话。但是,沉默无言远比上述与节庆相符的说话格式带有多得多的节日的庄严。下面就讲一下节庆时的沉默无言。我们可以说,沉默无言某种程度上也是一种自我表现;比如,当一个人意外地被置于艺术的或宗教的佳作之前,使他"惊呆"了。再比如,雅典的国家博物馆里经常会展出新近从爱琴海深处打捞上来的青铜器时代的珍品——当人们第一次走进这种陈列室时,会突然陷于那种地道的节庆般的沉默无言之中。人们感到,所有的注意力都被高度集中到他看到的东西上去了。因此,节日的庆祝表明,这种庆祝也是一种活动;根据艺术的特征,人们可以把节日庆祝称作为意向的活动。我们聚集于某种场所,这样我们来庆祝——而这在涉及艺术经验之处就变得特别明显。庆祝不单单是聚会本身,而且是一种意图,即联合所有的人并使他们免于分散为少数人的交谈或只顾各自感兴趣的事。

我们再来思考一下节庆的时间结构,探询一下我们是否可从这种时间结构中导出艺术的节庆性和艺术作品的时间结构。请允许我再采用语言的考察方法。在我看来,这是唯一的交流哲学思想的慎重方式;也就是说,人们服从把我们所有人联系在一起的语言所已经掌握的东西。因此,我就想到我们把节庆说成是:过节。过节,显然是我们行为中的一种非常特别的进行方式。"过"——人们得增强对言辞的辨别能力,如果他们想思考问题的话。看来,"过"是这样一个词,它清晰地显示了始终贯穿其中的目的。所谓"过",是指人们不必先离开,以便然后再来到目的地。当人们过节的时候,节日始终和整个期间都在场。这就是节庆的时间特征:节日被"过"着,而且是不分割为依次更迭的瞬间的连续。当然,人们也安排一个节日的日程,或者,人们以某种特定的方式甚至制定一个时间表来组织一个隆重的礼拜。但是,做所有这一切都只是为了过节。然后,人们还可以随心所欲地拟定他们的过节方式。不过,过节的时间结构肯定不是他们所做的时间安排那样的结构。

节庆具有——我不想说绝对(或许还是在一种更深刻的意义上?)——一种周期反复的性质。虽然,我们是在与一次性的节庆相区别的意义上来谈论反复出现的节庆的。但是,问题是,这种一次性的节庆是否根本甚至永远不要求被重复? 定期重复的节日,也并不是因为它们被纳入人们的时间计划才这么命名的,而是恰恰相反,这种时间计划是由节日的定期重复才得以形成的:每年的宗教节日,教会年度,还有我们不能简单地按照纯数字的时间计算说成月份数目、而只能说是圣诞节、复活节诸如此类——事实上,这一切都体现了由什么来确定日期、日期多长的特殊重要性,并且不依纯数学的时间计算和时间的利用而变化。

这里,问题在于,时间似乎有两种基本经验[25]。通常实用的时间经验是"属它的时间";这就是说,这是一种人们所支配的、安排的、享有的或未得到的或者自以为没有得到的时间。按照它的结构,这是空虚的时间,为了利用它,先得占有它。这种时间空虚的经验的最能说明问题的例子就是无聊。在这种情况下,时间几乎是在其平淡乏味的周期循环中作为一种痛苦的现实被经验。与这种无所事事的空虚相反,还有另一种忙忙碌碌的空虚;这就是说,从来没有空闲、无休无止地在谋划着什么。这种谋划,在这里是作为这样一种方式出现的,在这种方式中,时间是被作为对做某种事情来说是必不可少的、或者为此人们必须等待适当的时机来经验的。无所事事和忙忙碌碌这两种极端,都是以同样的方式来测定时间的:例如,以不做什么事或者做什么事来"度过"它。在这种情况下,时间是被作为必须用某事来"消磨"的或被消磨的东西来经验的。时间在这里不是作为时间来经验的。此外,还有另一种完全不同的时间经验,我觉得它不但与节庆的时间经验而且也与艺术的时间经验极其相似。我打算在与属他的、空虚的时间的区别中,把这种时间称作为充实的时间或者(属己的)原时。大家都知道,如果节日来到了,那么这个瞬间或这段时间就由节庆而成为现实。这不是因为某人利用了空虚的时间才发生,而是恰恰相反,是时间变成了喜庆的,当节庆的时刻来到之后,并且欢度节日的气氛与此紧密相连的时候。这就是人们可以称之为(属己的)原时,它是我们大家从自身的生活经验中都已经知道的了。原时的基本形式是,童年、青少年、壮年、老年和死亡。这种时间不是按纯数学计算的,也不是可以拼凑成一个整体时间的漫长的空虚的瞬间序列。我们用仪表来观测和计算的均匀的时间流逝的连续性,并不向我们说明年轻、年老之类。关于一个人年轻还是年老的这种时间,并不是那种用仪表来测定的时间。在年轻、年老这类时间问题上,显然有着一种非连续性。一个人突然变衰老了,或者人们意外地发现某人"已经不是孩子了";因为人们所看到的,是这个人(本己)的时间特征,即原时。我认为这也正是反映了节庆的时间特征,即由其本身的喜庆性来事先规定时间,以此时间停滞和逗留——这就是节日庆祝。那种纯数学计算的、人为安排的、通常被人们作为利用其时间的根据的特征,在节日庆祝中可以说是被中止了。

从这样一种度过的日常生活的时间经验向艺术作品过渡是很容易的了。按照我们的看法,艺术现象同具有"有机"生物体结构的生命基本特征总是非常相似的。因此,任何人都很容易理解我们所说的"一件艺术作品无论如何总是一种有机的统一体"。这句话是什么意思呢,马上就可以说清楚。这是说,人们感觉到,在艺术作品中每一个个别部分、每一个观赏的阅读的瞬间等等都是和整体相联系的;因此,它并不像某些被拼凑的东西那样联结或拆散,也不像无生命的碎片,处于被裹挟而人的事件发生的激流之中。相反,它集中到一个中心上去。

我们的确也这样去理解一个生命的有机体,它在自身中也有这样一种中枢;因此,它的所有各个部分并不遵循被规定的自身以外的目的,而是服从于本身的自我保护和生存。这一点,被康德极为出色地称作为"无目的的合目的性",这种合目的性是生物、同样显然也是艺术作品所固有的[26]。还有一种也适用于它们的是关于艺术美的最古老的规定之一,就是:"当某种东西既不能被增添又不能被减少什么的时候"(亚里士多德),它就是美的[27]。当然,这句话不能从字面上、而只能从其可意会的内容上去理解。人们甚至可以把这一说法反过来说成是,对我们认为是美的东西的注意力的高度集中恰恰表明在这一方面:可能的更改、取代、补充、减少等变化所允许酌范围。但是,就主要结构来说,这种结构是不允许被改动的,如果所创作的作品不想失去赖以生存的艺术个性的话。就这点而言,艺术作品的确就像一种生命的有机体:一个在自身中被构成的统一体。而这又意味着:艺术作品也有它自己的原时。

当然,这并不是说,艺术作品会像那真正的生命有机体一样,有它自己的青少年、壮年、老年。但是,这肯定意味着,艺术作品同样不是被它存在时间的可测算的长短、而是由它自己的时间结构所决定的。我们来考察一下音乐。谁都知道,作曲家对一首乐曲的各个乐句的速度说明是不确定的;借助这种说明,只是表示了某些非常不明确的东西,而且它也不是作曲家对或快或慢被"掌握"的意愿的技术性规定。人们必须恰当地掌握时间,这就是说,做到一部乐曲所要求的那样。作曲家的速度标记只是一种提示,以便按照"适当的"速度,或者做到与作品的整体相协调。这种适当的速度从来是不可测定、不可计算的。因我们时代的机械技术而可能的、在某些特别是在中央集权的官僚制度的国家里又被蔓延到艺术生产上去的重大失误之一就在于,人们在那里搞规格化,例如,人们规范地按照作曲家本人确认或经他同意来确定全部速度和节奏。照此下去,将是表演艺术的死亡并完全被机器所取代。如果表演只是一味仿造,如同对别人的东西做忠实的复制那样,那么演员所做的一切都被堕为非创造性的了,而观众也就会看出这一点——如果他确实看出了什么的话。

这就又重新涉及我们早就熟悉了的同一性与差异之间所保持的距离。音乐作品自己的原时,诗歌作品的本征语调,都是人们必须找到的,而且只能通过内在的听觉来获得。只有当我们用自己内在的听觉听出与实际发生在我们感官面前根本不同的东西时,每一种表演、每一次诗的朗诵、一切有著名的戏剧表演的、语言和歌唱艺术大师参加的演出,才会为我们提供那种真正的对作品的艺术经验。只有在这种内感官的完美性中产生的东西,而不是表演、表观或戏剧效果本身,才为艺术作品的重建提供了基石。这就是我们每个人形成的一种经验,比如,当一首诗给人留下深刻印象时。没有人能够以一种令人满意的方式给别人朗诵诗,对自己也不能。在这里,看来我们又碰到了反思活动,碰到了处于所谓享受中的根本性的精神活动。只是因为我们是以对偶然因素的超越方式活动的,才出现理想的创造物。为了相应地从一种纯粹的感受状态来听一首诗,吟咏就不允许带有个人的声音色彩;但是,每个人又都带有自己独特的声音色彩;人世间没有一种声音能够实现诗歌本文的完美性。在一定意义上,每一种声音都因为其偶然性而不得不受到损害。我们作为那种游戏的共同参与者所必然形成的合作,使自己摆脱这种偶然性。

艺术作品原时这个问题,可以从节奏的经验方面得到很好的说明。节奏是怎样一种奇特的东西?有一些心理学的研究,它们向我们指出,节奏化是我们听觉和理解本身的一种形式[28]。如果,我们让有规律地自我重复着的音响和声调连续进行的话;那么,就没有听者能够不去使这种连续节奏化的。既然如此,节奏究竟又在何处呢?节奏是在客体的物理的时间关系中、在客体的物理的波的推进或声的起伏中或诸如此类的东西中——还是在聆听者的头脑中?那么,这肯定是一种不同的可能性,人们可以马上把这种不同的可能性归诸为其无能的不成熟性。实际上是人们听出了节奏,人们听到了节奏。单调的声音序列的往复循环。当然不是艺术的范例——但是，它表明，我们也只是听到了一种存在于艺术创作本身中的节奏，当我们由自己来形成一定的节奏时，也就是说，为听出节奏而真正自己积极行动的时候。

因此，任何艺术作品都带有某种如同那种可以说我们赋有的原时。这不只是适用于为时短暂的艺术门类如音乐、舞蹈和朗诵。当我们去观看雕塑之类不动的永久性存在的艺术时，我们就想到，我们的确也观看和看懂了绘画，或者我们"游览"了建筑艺术。这些也都是时间—过程。一幅绘画不像（或快或慢）其他东西那样好理解。建筑艺术就更是如此。我们时代的模仿艺术造成的最大假象之一就是，假如我们首先看到的是建筑艺术的原貌，那我们就会带着某种失望情绪去感受这些本来是人类文化的伟大的并且具有高度艺术性的建筑；因为，这些建筑已经完全不像它们在摄影作品里我们所熟悉的那样美丽如画了。而实际上，那种失望不过只是意味着，人们只是满足于看到这些建筑的漂亮的外在特征，而根本没有再深入一步，触及它们作为建筑艺术、作为艺术的实质所在。想要做到这一步，人们就得走近、走进去，再走出来，再围绕着它们转转，得一点一点地游览，从而获得建筑艺术所预定给予人们的有关生活意识及其提高的东西。最后，我打算对上述简略的考察结果再作一概括：在艺术的经验中重要的是，我们从艺术作品那里学到了一种逗留的特定方式。这种逗留，显然是以其不会变得无聊为其特点的。我们越是逗留地观赏艺术作品，艺术作品就显得越是生动、越是丰富多彩、越是含义广博。艺术的时间经验的本质就在于，我们学会了逗留。也许，这就是赋予我们的最终相当于人们称之为永恒性的东西。

现在，我们来概述一下我们的思路。任何回顾都着眼于去搞清楚，我们在我们整个思考过程中取得了多大进展。今天艺术使我们面临的问题，一开始就包含了如何把下列相互分离、尖锐对立的东西联系在一起：一方面，看来是意味着过去；另一方面，表现为面向未来。意味着过去的可以看作是文化的假象，按照这种假象，只有源自文化传统的可信赖的东西才是富有意义的。与此相反，所谓面向未来，则热衷于迷惑人的意识形态批判；因为，批判者以为时间本该从今天和明天重新开始，因此他要求完全了解人们所处的传统并且进而把这种传统远远甩在自己后面。艺术问题要我们解的那个真正的谜，正是过去和现在的共时性。只重传统和一味贬斥传统都是不对的。恰恰相反，我们得追究，这样一种艺术作为艺术把什么和自己结合起来，又是以什么方式超越了时间。对此，我们从三个方面作了探索。首先，在游戏的精力过剩现象中找出一种人类学的基础。人的此在所深刻决定着的一个特征是：由于自己固有的先天不足和被动物性本能所确定的弱点，人懂得自由，同时也了解正是人类自己造成了对自己的自由的威胁。在这方面，我同意尼采所倡导的哲学人类学观点，这些观点已经在舍勒、普勒斯纳、盖伦那里得到了发展。我曾试图指出，由这些观点发展形成着此在的真正的人的特性，过去和现在的共时性，不同时代、生活方式、种族和阶级的共同性。所有这一切，都是人的。正如我在本文开头所提到的，那是我们人所特有的记忆和保持记忆女神般的敏锐洞察力。我所作阐述的主要动机之一就是为了搞清楚，在我们对世界的态度和我们艺术创造的追求——形式地或在形式表现中共同参与地——中，我们所着眼的正是那保留住稍纵即逝的东西的成果。

就这一点而言，绝非偶然；相反，是精神在游戏的内在超越上、在这种大量的随心所欲、选择、自由选择的东西上的反映，即人的此在的有限性的经验以特殊方式在这种活动中的表现。对于一个人来说，所谓死亡就是对自己短暂人生之后的未来的展望。死者的安葬、死者的祭奠和耗费十分巨大的死者丧事、祭品，成为那短暂的、易忘的人生在一种自身的新的时间延续中的永久性存在。这就是我所认为的一个进展，这个进展是根据我们整个思考得到的，如果我们不仅仅把游戏的精力过剩特征看作是使我们的创造性的创作提高成为艺术的根本基础，而且看作是更深刻的人类学主题，这种主题隐藏在人的游戏特别是艺术表现与所有自然的表现形式相区别的东西背后,这种东西与自然的表现形式相比较,突出地表明为:允许继续存在。

这是我在本讲座中所做的第一个探索。随之而产生的问题就是,在这种艺术的表现形式及其形象的构成和结构体的"确定"中,使我们感兴趣的东西究竟又是什么。与之相联系的,正是我们作为出发点的古老的象征概念。现在,我打算从这里再向前迈出一步。我们已经说过:象征是那种人们从它重新辨认出什么的东西——就像主人根据客人所持的凭证来重新辨认出他来那样。但是,什么是重新认出?重新认出并不是:又一次看见了某种东西。多次的重新认出,也不是一连串的碰见。相反,重新认出只是意味着:把某种东西看作是人们已经知道是什么的东西。它形成真正的人的"习惯"过程——这是我在这种情况下所引用的黑格尔的一个词,就是说,每一个重新认识已经摆脱了初次所获认识的限制,进而被上升为理念。我们都知道这一点。在重新认识中总是包含着,人们现在的认识比他们在第一次所见的瞬间的所带片面性的情况下要深刻些。重新认识从短暂易逝的东西中发现永久之物。那么,这就是去圆满完成这一过程的所有艺术语言的象征和象征内容的根本功能。当然,那也正是我们现在力求说清楚的问题:如果,涉及艺术,艺术的语言、词汇、句法和风格如此古怪地毫无内容了,并且这一切对我们显得又如此陌生、离我们文化的伟大的古典传统又如此遥远;那么,我们究竟重新认识些什么? 现代主义的标志恰恰并不是,它处在极度的象征的贫困之中,以至于在所有笃信技术、经济和社会进步的使人紧张得喘不过气来的革新主义方面,我们完全被剥夺了重新认识的可能性吗?

我曾试图指出,那无非是我们在这里似乎可以直截了当地断定的一般的象征盛行的成果丰硕的时代和排斥象征的贫乏时代,似乎令人满意的年代和不能令人满意的现代无非都是现实。而实际上,象征的任务是重建。它应该提供重新认识的可能性,它处于一种无疑非常广泛的课题范围之中,并且面临极其不同的识见的可能性。因此,根据我们的历史文化以及对市民的文化生产的适应,我们是否就在历史的继承中熟悉了一种语汇,这种语汇曾是以往年代的说话的不言而喻的语汇,因此这种被学会的历史的文化语汇也在艺术鉴赏时起作用;或者,在另一方面,是否也存在还没有见过的语汇的新的拼读,这种拼读应该成为可以读懂的。

然而我们知道,什么叫作可以读懂。可以读懂的意思是,字母不知不觉地消失了,只剩下了重建的说话的意思。不管在什么情况下,只有它才是协调一致的意义结构,从而我们可以说:"我理解了这里所说的是些什么。"首要的是,它圆满地实现了对形式语言、对艺术语言的领会。我希望,现在已经清楚了,问题是在于一种相互关系。谁失去了理智,他才相信他能够得到了这一个而排斥另一个。人们还不能使自己彻底明白这一点:谁要是认为现代艺术已经堕落了,那他大概没有真正地理解过去时代的伟大艺术。应该学会的是,首先人们得学会拼读每一种艺术作品,然后得学会去读懂它,最后再去作判断。人们不先学会拼读、不先学会读懂,似乎就能听懂以往的艺术语言,对于这一点,现代艺术不失为一种很好的告诫。

不过,这是有待完成的一个课题,这个课题并不简单地以一种交往地联合的世界为前提,或者把它如同一件礼物那样地乐意接受;而恰恰得重建这种交往的联合性。"象牙之塔",这一安德烈·马尔罗关于不同艺术时代及其在我们意识中的影响的共时性的名言,某种程度上可以说是对这个课题的一种并不情愿的肯定——尽管并不是以一种好方式。在我们的想象之中,积聚这种"珍品",恰恰是我们的贡献所在;而关键则在于,我们从来没有占有过它,也没有碰见过,就像人们走进一个博物馆,去参观别人收藏了些什么。或者,换句话说:我们作为非永恒的生命物处于传统之中,不管我们了解还是不了解这种传统,不管我们是意识到这种传统还是可以说完全盲目地,我们重新开始了——从传统对我们影响的角度来看,这丝毫没有什么改变。但是,这也许在某种程度上改变着我们的一些看法,不论我们是否正视那些我们所身处的传统和传统给我们所提供的对于未来的可能性,还是人们是否自认为,他们能够避开我们将生活其中的未来,而对未来重新加以构思和设计。但是,传统并不只意味着保存,而且意味着改写。而改写包括,人们不是不改变什么并且不是一味地保存什么;而是,人们学会重新表现和把握过去的东西。因此,我们对翻译也用"改写"这个词。

事实上,翻译现象对于真正的传统来说是一种典范。文献的僵化的语言必须变成自己的语言。然后才成为文学艺术。这完全一样地适用于造型艺术和建筑艺术。大家想想看,把过去的伟大建筑和现代的生活及其交往形式、欣赏习惯、照明条件等等富有成效地和切实可行地结合起来,这是一种什么样的任务啊。请允许我讲一个例子,当我在伊比利亚半岛上旅游最后走进一座大教堂时,这座教堂里还没有安电灯、因此还没有由于照明而失去西班牙和葡萄牙古老教堂的本来面目,这使我深受感动。那窗户,人们望去就像是一个发光体;那被打开了的教堂大门,光线穿过这个大门涌进教堂中来,这显然成了这座巨大的神的宫堡的可参观程度的那种真正的测量方式。这个例子肯定不会表明,我们似乎可以轻易地改变我们的欣赏习惯。像我们的生活习惯、交往习惯等,我们是很少能够改变的。把今天的和那种过去顽强地保留下来的东西结合起来,这一任务是对始终作为传统的东西的一个很好的说明。它并不是使其免受损坏意义上的文物保护,而是一种在我们现代及其目标和还影响我们的过去之间的持久的相互作用。

所以,重要的是:不要管它是什么。不过,这种不管并不意味着:只去重复人们已经知道的东西。不是以一种重复体验的方式,而是受交往发现本身的支配,人们不去过问那东西对于他们来说过去曾是什么。

最后,第三个问题是节庆。我不打算再重复,时间和艺术的原时怎样与节庆的原时相比较;而只是想集中到一点,即节庆把所有人聚集在一起。我认为,节庆的标志是,它只是对参加到其中去的人才具有某种意义。在我看来,节日庆祝是一种特殊的并且是完全有意识的出席。与此有关的还应提到,因此,我们的文化生活及其艺术享受的所在和它附带的对日常生活负担的减轻,以文化经验的形式被批判地质询。正如我所提到的,享有社会声誉的确也属于美的概念。但是,这涉及一种生活秩序的实际存在,生活秩序之类也包括艺术创作的形式、我们生活环境的装潢和建筑艺术形式、用一切可能的艺术形式对这种生活环境的装饰。如果艺术真的与节庆有什么联系,那就意味着,艺术必须超越这样一种规定的界限(正如我所说明的那样),因此还必须超越文化特权的限制,正如艺术必须抵制住我们社会生活的商品化结构的影响一样。有人认为,毋庸置疑的是,人们可以用艺术来做生意,而且也许艺术家也无法抗拒艺术的创作的商品化。但是,这恰恰不是艺术的固有职能,现在和过去都是如此。请允许我再举几个事实。例如,那伟大的古希腊悲剧——今天对于受过良好教育和具有高度艺术鉴赏能力的读者来说,仍是一个课题。索福克勒斯或埃斯库罗斯的某些诗剧合唱曲带有其赞美诗式的表现方式的简洁和洗练,看上去却简直像用密码书写的那样令人费解;尽管如此,古希腊的经典戏剧仍是联结所有人的纽带。其成功、在古希腊阿提卡戏剧表演中被奉为神圣的一体化所获得的那种令人惊奇的喜闻乐见,都证明了:这种戏剧并不是为应酬上流社会的,或者为讨主持庆祝活动者的喜欢,以便从他们那里得到奖赏。

其次,一种相类似的艺术无疑曾经是,并且仍然是源自葛利高里式教堂音乐的欧洲复调音乐的伟大传统。再次,今天我们所有人仍然可能完全像古希腊人那样,在同样的对象即在古希腊悲剧上产生类似的经验。莫斯科艺术剧院的第一任院长(十月革命以后的 1918 年或 1919 年)当被问到,他想用什么样的革命戏剧来开设这个革命剧院——而他则以巨大的成功上演了《奥狄浦斯王》。古希腊悲剧永存于一切时代和各种制度不同的社会!葛利高里式的赞美诗及其富有艺术成就的发展,不用说还有巴赫的基督受难曲之类,都是基督教的与此相对应的东西。在这种情况下,没有人会搞错:一种单纯的参加音乐会之类,这里已不再重要;这里重要的是某种别的东西。作为一个音乐会的听众,人们会明确地感受到,这种音乐会所牵涉的追随者不同于当基督受难曲在大教堂中演出时聚集的人群。在后者那里,情况则与观看古希腊悲剧差不多。这类艺术影响所及之广泛,从艺术、音乐、历史文化的最高需要一直到人类心灵的最低需求和感受性。

现在,我十分认真地提出这样一种看法:《三毛钱歌剧》或者深受今天的青少年欢迎的、播送着现代打击乐的唱片,都同样是正统的。它们同样具有那种超越一切阶级、一切文化的先决条件的表现自己和促成交往的可能性。这里,我不是指群众情绪感染的传递,确实存在这种感染并且某种程度上总是已经成为真正的集体经验的伴随者。在我们这种强刺激的、常常不负责任地商品化地被操纵着的嗜好试验的世界里,毫无疑问,在许多方面类似于:我们不能说是什么东西真正促成了交往。情绪感染传递本身,还不是持久不变的交往。但是,这却说明了,我们的孩子们自然而然地在如做别的事情时放着音乐(人们只好这么说)中,或者在常常很容易产生影响的抽象艺术的形式中,就轻松地直接地感到表达了自己的情绪。

我们本该明白,我们在这里作为在不同辈分人之间的隔阂中,或者更确切地说,是在不同时代的人的连续性中,围绕着听的节目或放的唱片的无害的论争来经验的东西——因为我们年纪大的人也要学习——这种东西发生在我们整个社会中。谁要是认为,我们的艺术是纯粹上层社会的艺术,那是非常错误的。谁这么想,那他就忘记了还存在体育场、机器间、高速公路、大众图书馆、职业学校,它们常常以充分的理由用比我们优秀的古老的高级文科中学奢华得多的方式装饰起来,而在那些中学里,教堂的灰尘差不多成了教育的一项基本内容——就个人而言,我由衷地怀念着这些学校。最后,他也忘记了作用可扩及我们整个社会的宣传舆论工具。我们本不该低估,总还是存在对这些工具之类的合理使用。在由于过分无节制的对文化的滥用而出现的消极性中,肯定存在着一种对人类文明的巨大危害。这首先是针对那种宣传舆论工具来说的。但是,正是在这种情况下,对任何人,对照料和教育年轻人的老年人正如对被照料和被教育的年轻人一样,人的要求是自已去教和学。我们所要求的正是这个:对于艺术和所有借助宣传舆论工具传播的东西,发挥我们自己求知欲和选择能力方面的主动性。然后,我们才了解艺术。形式和内容的不可分割性作为无差别性而变成为现实,借助于这种无差别性,我们把艺术作为对我们诉说和表现着某些东西的事物来看待。

现在,我们只需要弄清楚一些相反的观念,上述对艺术的了解几乎可以说就反映在这些观念上了。我想说明两种极端。一种是表现为满足于已经熟悉的东西。正如我所认为的那样,这里是一些拙劣艺术的和非艺术的产物。人们倾听,什么是他们已经知道的东西。人们根本不想听到任何别的不同的东西,人们把艺术欣赏不是当作使他受到影响而有所改变、而是当作不厌其烦地重复旧的东西。这就等于说,艺术表现只是为了使人看到这类活动的原有意图。人们发现,这里面某些东西是他们需要的。所有拙劣的艺术也都有着一些本来往往是用意很好的、自愿真诚的、思想纯正的追求——然而,正是这些东西使它们不能成为真正的艺术。因为,只有当一种东西借助于对语汇、形式和内容的掌握自己重建作品结构、由此实现真正的交往时,它才是艺术。

第二种表现形式,是拙劣艺术的另一个极端:观众审美趣味本位论。从对演员的态度上,人们尤其能看清这一点。人们之所以去听歌剧,是因为这个歌剧是卡拉斯演唱的,而不是因为这个歌剧被演出本身。我明白这是怎么回事。但是,我肯定这不会有助于人们对艺术的真正了解。随之而来的一个想法显然就成了从他们的媒介职能角度去看待演员、歌唱家及其他艺术家:完美地对一件艺术作品的了解,也就成了对演员们的自谦精神表示钦佩:他们表现的并不是自己,而是他们唤起了对作品本身、对作品的结构以及它的内在联系直至意想不到的不言而喻性的回忆和联想。我们在这里谈到了两种极端:在拙劣的艺术中出现的对确定的可支配的目的的"艺术追求";为了迁就低级的艺术欣赏趣味,而完全忽略了艺术作品本身对我们所表现的根本的东西。

在我看来,根本的任务也就在这两个极端之间。这个任务就是,接受和保留通过真正艺术的形式表现力和造型高度使我们获得的东西。
最后,是一个变得简单或者说是一个从属的问题,即借助于历史文化得
以流传的知识到底在这方面被考虑了多少。以往时代的艺术,只是在
时间和在不断地保存、不断地变更着的传统的筛选过程中,才使我们接
触得到。现代的抽象艺术——无疑只是在其最出色的、今天我们很难
同模仿相区别的作品中——完全能够拥有其同样的结构的严密性和同
样的直接与读者对话的可能性。在艺术作品中,那种还没有处于作品
结构的全部联系之中、而只是暂时存在稍纵即逝的东西,被变成了一种
永久存在的、持久不变的创造物;因此,熟悉了解它同时也意味着:超越
我们自己。"一些可持久的东西就逗留这一瞬间"——今天的艺术、昨
天的艺术和有史以来的艺术,都是如此。


### 注释

[1]现载于伽达默尔:《柏拉图的对话伦理学》,汉堡 1968 年第 2
版,第 181—204 页。

[2]参阅伽达默尔:《黑格尔的辩证法》一文,图宾根 1971 年版,第
80 页起;特别是笛特·亨利希的文章《艺术和现代艺术哲学,对黑格尔
的反思》,见沃尔夫冈·伊泽尔:《内在的美学——美学的沉思,作为现
代派范例的抒情诗》,慕尼黑 1966 年版,以及伽达默尔相关的评介文
章,《哲学评论》第 15 期(1968 年),从第 291 页起。

[3]参阅郭特弗里德·柏姆:《透视法研究——近代早期的哲学与
艺术》,海德堡 1969 年版。

[4]参阅伽达默尔:《诗人们失语了?》,见《时代的转变——新的轨
迹》1970 年第 5 期,第 364 页;另编入《短论集》第四卷,图宾根 1977
年版。

[5]参阅莱因哈尔特·孔泽勒克:《历史是生活之师》,见《自然与
历史——卡尔·勒维特 70 寿辰纪念文集》,海尔曼·勃劳恩和曼弗雷
德·里德尔所编,斯图伽特 1967 年版。

[6]亚里士多德:《形而上学》第六卷,第1章。

[7]柏拉图:《理想国》卷六 c-d,e。

[8]亚里士多德:《诗学》1451 b 5。

[9]参阅阿尔弗雷德·巴尤穆勒尔:《康德的判断力批判——它的历史与学统》卷1,哈勒1923年版"序言"。

[10]康德:《判断力批判》,柏林1790年版。

[11]康德:《判断力批判》,第22、40章。

[12]参阅伽达默尔在《真理和方法》一书中的有关分析,图宾根1975年第4版,从第39页起。

[13]参阅梅克斯·孔莫勒尔:《莱辛与亚里士多德——悲剧理论研究》,法兰克福(美因河畔)1970年第4版。

[14]康德:《判断力批判》,第13章。

[15]殷加尔登(亦译为:英伽登):《文学的艺术作品》,图宾根1972年第4版。

[16]哈曼:《美学》,莱比锡1911年版。

[17]伽达默尔:《真理和方法》,从第111页起。

[18]黑格尔:《美学讲演集》,亨利希·古斯塔夫·霍托编,柏林1835年版"序言"第1章,第1节。

[19]对这点,在特奥多·W.阿多尔诺的《美学理论》[法兰克福(美因河畔)1973年版;最初,发表于《论文汇编》卷七,法兰克福(美因河畔)1970年版]中,有详尽的描述。

[20]本杰明:《处于机械可仿造时代的艺术作品》,法兰克福(美因河畔)1969年版(苏尔康普版第28集)。

[21]参阅马丁·海德格尔:《艺术作品的起源》,斯图伽特1960年版等[李克曼版的世界袖珍图书公司,编号第8446(2)]。

[22]参阅赫尔曼·柯勒尔:《古典时期的模仿——仿造、表演与表达方式》,伯尔尼1954年版(伯尔尼的博士论文集第一集,第5页)。

[23]奥托:《狄奥尼索斯——神话与文化》,法兰克福(美因河畔)

1933 年版。

　　[24]克莱伊:《论节庆的本质》,见《全集》第七卷《古典时期的宗教》,慕尼黑 1971 年版。

　　[25]参阅作者的《空虚的和充实的时间》,见《短论集》卷Ⅲ,图宾根 1972 年版。

　　[26]康德:《判断力批判》之"序言"。

　　[27]亚里士多德:《尼各马可伦理学》B 5,1106 b 9。

　　[28]参阅里理查德·霍尼瓦尔德:《论节奏的本质》,见《思维心理学的基础——研究与分析》莱比锡版,柏林 1925 年第 2 版。

# 附录  解读《美的现实性》[*]

## Ⅰ. 缘起

本书要着重阐述并拓展的,是 H.-G.伽达默尔《美的现实性》等著作之中的"神圣之维";如果说,他对艺术的讨论试图摆脱宗教的总体范围,而我们则把问题又拉回到宗教的范围之内。我们阐述的方法,则借助了中国传统的解读佛教经典的"五重玄义"等。

这可以追溯到 1987—1990 年之间,我在德国海德堡大学 H.-G.伽达默尔(Hans-Gerog Gadamer)身边学习他的"解经哲学"(Philosophische Hermeneutik),并翻译了他的代表作之一《美的现实性——艺术作为游戏、象征、节庆》(*Die Aktualitaet des Schoenen-Kunst als Spiel*,*Symbol und Fest*),在本书中简称为《美的现实性》。当时,信息化乃至大数据的概念,并没有现在那样的深入人心。而现如今,它们在我们的社会、经济乃至思想学术等领域已经掀起了一场大革命,我自己也没有想到竟会被卷入到如此之深。现在,我借出版这部著作的中译本的机会,结合时代的发展变化、人生的实际道路以及相关的心路历程,参照中国佛教解读经典的思想文化传统,和读者们一起分享我研习《美的现实性》的相关心得。

---

[*] 本解读内容由郑湧撰写。

在哲学方面,H.-G.伽达默尔显然是由 E.胡塞尔(Edmund Husserl)创建、M.海德格尔(Martin Heidegger)发展的现象学的继承和发扬者;我们还应该注意到,还有一个也是由 E.胡塞尔发端的追溯古希腊柏拉图(Platon)的哲学"潜流",被 H.-G.伽达默尔高调突出了。柏拉图处于欧洲哲学向形而上学的转型期,形而上学的哲学倾向与主题日渐成熟,并在其学生亚里士多德(Aristoteles)手里完成。M.海德格尔着重对亚里士多德的形而上学进行反思,而 H.-G.伽达默尔从一开始便更多地研习柏拉图,特别是他的诗学。

在 H.-G.伽达默尔给我写的《美的现实性》中译本前言里,他明确指出:M.海德格尔着力于"从形而上学的和由形而上学中产生的近代科学的彼岸提出存在问题"。M.海德格尔把"历史"作为"近代科学"的彼岸,用"时间"解读"存在";而 H.-G.伽达默尔承认这是一大贡献,但是认为这"并没有囊括一切",而进一步指出"艺术"又是"历史"的"彼岸形态"。我则认为,尽管 H.-G.伽达默尔补充了"艺术"这样一种"科学"的"彼岸形态",却依然"没有囊括一切",必须得顾及"宗教","宗教"也是"科学"的一种"彼岸形态",从"科学的彼岸"提出了"存在问题"。诚然,任何一个哲学家都不可能"囊括一切",充其量也只能提出乃至完成他那个时代的哲学任务;不过,一个杰出的哲学家,又总会有某些突破,就拿 H.-G.伽达默尔来说吧,他在从"艺术"这样一种"近代科学的彼岸提出存在问题"的同时,还常常不由自主地讲到"宗教",这在《美的现实性》这部著作中也非常明显。这也是我之所以选择《美的现实性》来通达"宗教"这种"科学"的"彼岸形态"、以从"科学的彼岸"提出"存在问题"的重要原因。与《美的现实性》不同的是,我写本书的重点,已不在"艺术",而已转向"宗教",从"宗教"提出"存在"及其相关的一些问题。

这里涉及了从"'此岸'到'彼岸'"的"通达"。而我的"通达"H.-G.伽达默尔及其哲学,起初竟是因为日常生活中的一件小事。事情虽小,普通,却有大的震撼,又引起了大的哲学思考。在《道,行之而成》这本书里,第一个章节,我曾专题介绍了我和 H.-G.伽达默尔在德国斯图加特城火车站的"意外遭遇"[1]。正是这样一个"意外遭遇","震撼"了我,"触及"了我的"灵魂",从而"打通"了一条"通达"他"心灵"的"心路"。这就使我懂得,认识一个人、理解特别是"懂得"一个人及其思想,"心路"的"打通"、"心灵"的"通达"是最重要的,而且是必需的。

我面对着就坐在我身边的 H.-G.伽达默尔,是那样的"直接",我所"看"到的、"听"懂的,就成为我所"理解"的 H.-G.伽达默尔的"哲学思想";我在这样一种很普通的人的日常生活的"遭遇"中"看"见了"真实生活中的 H.-G.伽达默尔",首先是 1987 年 6 月 20 日的"真实的"H.-G.伽达默尔本人,而不是他的哲学,更不是他那讲坛上、书本里的哲学。我懂得了,哲学就应该从这样一个"真实的"哲学家本人的"遭遇"开始。

说我和他的这样的一种"遭遇"是"意外",这是说:对于我们两个人来讲,这次碰面,都是事先毫无思想准备,更不是预先谋划的结果。然而,按照佛教的说法:"遭遇",都是"重逢"。这些都可以看作是一种"重逢"、一种"延续",或者就像 J.W.歌德(Johann Wolfgang Goethe)所说的、H.-G.伽达默尔在《美的现实性》中引用的那种"逗留"。这一点,也和 H.-G.伽达默尔对"认识"的解读是一致的;因为,在他看来:"认识",都是"再认识"。

H.-G.伽达默尔在哲学上的主要贡献,区别于 E.康德(Emmanuel Kant)的"认识何以可能?",提出并解答了"理解何以可能?""理解"(Verstehen)这个词,有设身处地、站到对方的立场考虑问题的意思,讲的正是彼此"沟通"、人与人之间的一种"通达"。在《美的现实性》中,他特别强调了"打通"过去和现在。佛经,讲的也是一种"通达",是普度众生,是从"此岸"到"彼岸"的"通达"。何谓"通达"?如何"通达"?障碍被排除、困难被克服、沟壑被跨越,才可有"通达"。如何打通"两岸"、从此岸通达彼岸?曾经是西方形而上学的主题,也是中国佛教经典着重探索的"路径"。"两岸"之间的"通达",或架桥梁,或走水路,或通空路;人与人之间的"沟通"、"通达",或许可走"言路";而从根本上来看,得通"心路"、"通达"到那种"隐而不见"却"真实存在"之处。

这样一种"心路"的"通达",已经涉及"道"的层面。在中国语言中,有一个组合词:"道理","道"和"理"被连接在一起了。不过,事实上呢,"道"和"理"二者之间的区别是很大的。"道"有"道"路,"理"有"理"径。例如,"道",是"'行'之而成"的,是"走"成的,不是"想"成、"说"成;而"理",则是被"想"成、"说"成的,是"'说'之而成"的。"理",基于抽象、知识;"道"常常超越抽象与知识,不被抽象与知识所束缚、所局限。"理",重在说教,甚至是强行灌输,强调他人、外力;而"道",则提倡"身体力行",在"做"中亲身感受、体悟,注重自己的内修。因此,"沟通"、"理解",一定是在"道"的层面上。人与人之间,重要的是正能量的互动,在"道"的层面上碰撞、相互作用与交融。这里面,要有相互吸引,要有"懂";否则,道不同,不相为谋;越碰撞,分歧越多,反作用越大。"道"路通达,无须解释;而两个人到了需要解释、"说'理'"的时候,已经太晚了;因为,"懂"你的人,根本不需要解释;不"懂"你的人,解释又有何用?!"说理",往往是"公说公有理,婆说婆有理",不仅仅说不到一块儿,反而越说矛盾越大、距离越远。"以言教者讼,以身教者从。"显然,哲学家们的不注重身体力行而注重"说'理'",是一个错误。德国哲学家K.雅斯贝尔斯(Karl Jaspers)曾经指出过这一点,但是并没有挡住哲学家的喋喋不休。

确切地说,"心灵"得有"触动"、"碰撞",得"共振"、"互动",得处在同一个频率上,得"心有灵犀"才有可能"一点通"。正因为,"心有灵犀","遭遇"也就成为"重逢"。总而言之,要"通达",就得有"路"、特别是能到达"隐而不见"领域的"道路"。这样一种能够到达"隐而不见"领域的"道路",是通向"未知"领域的,是走向幽深之处的,是走向"真实存在"的。作为"心路",是建立在"般若"(即带有"出世精神"的

"大智慧")基础上的。与此相区别,其他的"道路",往往是通往"显而易见"之处的。

在大学,我是学美术史的,受其影响,看待问题比较入世、有历史感;后来,我读了佛经(如《金刚经》、《心经》、《坛经》),习得了出世、信仰;更重要的是,我最终走出了书斋、高等学府,深入现实的实际生活,体悟了人生的"真实"。因此,对于"真实性的坚持",我并没有像我德国老师 H.-G.伽达默尔那样,始终执着于"艺术的真实性",而是除"艺术的"以外,还探究了"历史的"、"宗教的"、"真实性",一直到"日常生活的真实性"。所以,我的看待"真实性"问题,是多元的、多层面的、多视角、多视野的,是发散的,是跨界的;既有它们之间的区别,又有它们之间的碰撞、交融,还会有超出它们之处。如果,我们也是从"通达"、"道路"的角度来看这个问题的话,这里已经表明,通向"真实性"的"道路"也是多条的,正所谓"条条大路通罗马"。不过,就我个人而言,我更愿意从人的以生命践履的人生实际、从其"日常生活"处起步,在历经世事磨炼中从身心上"重建"自己。从"日常生活"起步,是现象学、解经哲学和中国佛教哲学的共同特征。

本文解读《美的现实性》。解读这样的一部经典之作,用我们中国的日常生活中的话来说,就是"'看'书"。关于"'看'书",普通的人有普通的"看"法,他们用日常生活中的经验和智慧去"看",却往往也是非常高明的。比方说,在日常生活中,普通人认为:"'看'书",要"用心"。这"用心"二字,就很有讲究,很有学问。解读经典,"用心"是"纲","纲举"才能"目张"。所谓"用'心'",除了"专注"、"认真"之外,更主要在于:是"用'肉'眼"还是"用'心'眼"的区别。"'看'书",只有"用'心'眼"来"看",才有可能"看"到自己"心"里面去,"看"懂作者的"心思"与"心路历程",产生"心灵"的碰撞和交流,才会"心有灵犀一点通"。

在这里,我涉及了"心路"、"思路"、"言路"、实际的"人生之路"等,这些"路",都是在解读经典的时候必然要走到的。要想理解、弄懂这些"路"，必然要涉及中国思想文化传统中的核心"道"。说到对于经典的解读，戴东原认为最重要、最根本的是"道"："经之至者，道也。"他在《与是仲明论学书》中这样指出："经之至者，道也；所以明道者，其词也；所以成词者，字也。由字以通其词，由词以通其道，必有渐。"这里是讲它们相互之间的联系，特别是"道"与"词"、"字"之间的联系。这是一种看待它们之间相互关系的角度；我再换一种角度，来讲讲"道"与"逻辑"、"说"之间的一些区别：

"道"这个词，可以被解读为"路"，也曾被解读为"逻辑"、"说"等。其实呢，这三者是全然不同的。"道"作为"路"，是"'行'之而成"的，确实存在、甚至是无处不在的；然而，又是不可思议的，往往是山穷水尽疑无路，却又在无路可走处能披荆斩棘开辟出一条路来，柳暗花明又一村。而"逻辑"，是"'思'之而成"的，是有概念、讲规律，可思议的，可推导的，可人为组合的，可以传达、教授的。"话语"，是"'说'之而成"的，可以"听"，可以"听声"。

当然，还有"道"与"魔"的区别，这里暂且不表，后面会讲到。在这里，之所以要做这些区别，仅为说明："道"，真正学起来、用起来是很"难"的，并非常人皆可学而得之、得之便能行之；虽然，"道"就在常人的日常生活之中；但搞它明白确实不易，因而又是常人"日用而不知"的。在这个意义上可以说，"道"是"行"的，不是"知"的；甚至是："行"者"不知"，"知"者难"行"。

借用传统的说法，"道"是形而上的，"逻辑"、"说"、"理"是形而下的；"道"是"'行'之而成"的，"逻辑"、"说"、"理"是"'言'之而成"的。除此而外，"道"，又可以是一条"心径"，即"心路历程"。解读经典，学"道"说"路"，都要"有'心'"、"用'心'"，不能没有"心"。我在解读我老师 H.-G.伽达默尔的哲学思想与著作的时候，特别强调和突出了这一点。现在，我解读他的《美的现实性》这部著作的时候，想进一步提倡深入"内心"，突出"内心的体悟"，提升"'心'境"，带着"出世的精神"走脚下的"路"，在"走路"的途中提升、完善"出世精神"。

## Ⅱ. 导读

这个"导读",分以下 3 个部分:1. 道路问题的提出;2. 人生之路与哲学;3.21 世纪的路怎么走。现在,依次道来:

### 1. 道路问题的提出(经典及其解读)

解读经典,首先是要读懂那个"经";解"经"哲学,也围绕着一个"经"字。摆在我们面前的这部《美的现实性》,是世界哲学界公认的经典之作,以袖珍本出版;放在中国传统上,它就是一部"经"。所以,我们读《美的现实性》,就是"读'经'",用"读'经'"的方法去读。现在,我们就来读这样一部的"经",并先弄弄清楚:何谓"经"? 简单来说,"经",就是"径",首先是"道'路'",是"人生之路"、人的"心路历程";而不是"道'理'"。这是其一。其二,谈"人生之路"、人的"心路历程",就必须结合人的生存"实际"与"实例",展现人生的"实际发生",这也是"真实"的题中应有之义。

具体而言,《美的现实性》中,既谈到了哲学的路径,如从"科学"还是从"艺术"(即"科学"的彼岸)提出"存在问题";也谈到了艺术发展的路径,即从"古典"发展到"现代"、从"过去"到"现在"、"瞬间"与"永恒";更进一步揭示了这些路径的"人类学的基础",如作为生命的"基本特征"的"不断自我重复着的运动",等等。艺术的路径、哲学的路径和人生的路径,以及与这样一些路径相关的问题,正是本书首先要探讨的;我也因此而突出了"路",把它们归结为"道'路'"问题,而区别于"道'理'"问题。

我们解读这部经典,当然要涉及它"说"了些什么;然而,又不能只是关心它"说"了些什么,并且不能停留在这些"说"的上面;而是要着力弄懂它所"说"的"事情",究其实"是"些什么;而这个"是",却不是"逻辑"的"是"[2]。这个"其实'是'",就是"实际发生",就是"真实";

而"真实","如其所是",不生不灭、不增不减、不垢不净,往往又是不可思议的,与"逻辑"没有一毛钱的关系。"说""不可说",是经典的一大特色;不过也因此要注意,经典在"不可说"之外所增加的部分,"说"与"不可说"对话过程中所产生的新的东西。与此同时,就作者本人而言,除了作者的所"思"所"说"之外,也要去关注他的所"作"所"为";是他的所"作"所"为",构成了他的日常的"真实"人生。

一个人的"真实"人生,是"'是'什么",过去"'曾'是什么",现在"'正'是什么",未来"'将'是什么";人生,在不同的时间段里,大致有"'曾'是"、"'正'是"、"'将'是"的三个阶段。这是"是"的"时间性"。所谓"'是'什么",并不是指姓甚名谁,不是谈"'拥有'什么",也不是以一个人"拥有"多少权力、多少财产、多大名声等,来看待这个人。评判论定一个人,应该看他(她)所走的是一条什么样的"人生之路"、"之行径",有着怎样的"心路历程"。

解读经典之作,就与二者有关。按照中国传统的说法,"经典"的"经"字,应该被解读为"路径"的"径";也就是说,"经典"可以被看作是对所走过的"路径"的回顾、记录和标志,并为后人指引着"人生的'道路'"。

## 1.1 经典和路径、心径

经典,特别是宗教的经典,如《圣经》、《金刚经》、《心经》、《坛经》等,凡为"经"者,都有"路径"的意思。这些经典,都是创新之作。所谓"创新",就是在前人没有走过的情况下去走一条新路;这样的一种"道路",是充满未知的,往往有许多无法预见的困难与危险,正如 M.海德格尔所描述的"林中路"那样,前面本没有路,得披荆斩棘开出一条新路来。

创新,往往又是颠覆性的,会打破一些陈规陋习,会影响一些既得者的利益,这就会让有些人感到不爽,他们甚至会利用手中的权力并煽动贪婪求利之众强烈反对乃至破坏、迫害之。另外,特别是在中国的国土上,很多人是奴性+兽性,对比自己强者奉迎惯了,对弱小者凶恶惯了,而创新者起初往往弱小;倘若有人想自立、站起来,就会遭到群起而攻之,甚至非咬死站立者而后快。这就是说,在中国,创新尤其困难,道路更加曲折。然而,尽管如此,中华民族五千年,还是有不少人站了起来,并且前仆后继,坚持走自己的路,不断发展壮大,矗立于世界。

因此,创新者所走过的"人生"和"哲学"之路,都是他们努力"坚持"的结果,他们大都曾为此付出过艰辛的劳动、忍辱负重乃至惨重的、生命的代价。这些经典,向读者们显现着创新者走过的"路径";从这些经典之中,我们可以认识、熟悉创新者所走过的"路径",更可以从中"看"出创新者的坚持、坚守、坚定、坚信,甚至是跌到了再重新站起来的坚忍、坚韧、坚强。

在这里,突出显露了创新者的"'心'径",他的"心路历程"。从这种意义上来讲,作为透露"'心'径"即"心路历程"的经典之作,就是一部"心"之"经"。读经,即读"心";懂经,即懂"心"。佛教名著《心经》,不仅仅高度提炼了《金刚经》的精髓,而且极其到位地说透了所有经典的根本,就在一个"心"字。经典之作,突出显露的就是创新者的"'心'径"即"心路历程";我们读者,就是要能够读懂他们的"心"、"'心'径"即"心路历程",并且由此唤醒和激励我们读者自己的"心灵",产生生命的力量,去感知"真实",去与作者的"心灵"产生"共振"、"互动"、"相互作用"和"交融",并且提升出新的境界。

H.-G.伽达默尔21岁得了小儿麻痹症,崭露头角之初却罹患残疾。他在那种一瘸一拐的人生之旅中,经历了两次世界大战、德国又两次战败,其中生存的艰难困苦可想而知;但是,他一直顽强地生活着,形成了独特的人生之路和"心径"即"心路历程",写成了《真理和方法》、《美的现实性》等不朽之作。我和他意外遭遇,也正是他那一瘸一拐的现实而又真实的人生震撼我,使我能够在他那些完美的篇章的里里外外看到他的真实人生、真实的"心路历程"。《美的现实性》这部经典,同样向我们显现着那条H.-G.伽达默尔曾经走过的人生、哲学之路和他的"心路历程"。

这部《美的现实性》,作为"经典",为读者们指引着人生和哲学的"道路"。人生,常常被看作是一种"旅途",名之曰"人生之旅"。从中,我们可以看出:人,基于其本身的生命能量和相应的活力、作用力,在与他人和环境的"碰撞"、"共振"、"融合"等等之中,自然形成"人生之旅"。在"人生之旅"中,人的"看"、"想"、"说",往往会产生某种理论、学说,这就使得"人生的哲学"应运而生。这样的一种哲学,被形之为书籍,广为流传,便成经典著作。这样的一些作者,便成"智者",往往成为后人的"榜样"、"引路人"。而无论是实际人生还是所写成的哲学著作,其中都有其"心径"即"心路历程"在。

### 1.2 路,得靠自己走

初走"路"者,往往需要"引路人";而这些"道路"的"引路者",在德文里,名之为"Weise";这个词,也可翻译成"智者"。我在德国期间,在德文报刊上看到,就有人称 H.-G.伽达默尔为"智者"。

就我个人的体会而言,对于人生,一个人能否得到"智者"的"指引",会有天壤之别。在藏传佛教中,就特别强调了"上师"的"引导"的重要,誉为成佛的必由之路。事实上,"智者"确实重要,他能够帮助你尽早发现自己的人生道路,找到一条适合你的路径,明确、坚定你人生道路的走向。一个人的生命能量的提升,在"人生之旅"中,除了借助于其本人的亲身历练、切身体验所得之外,智者的指点、榜样的感召也是极重要的方面。若以智者为榜样,最好的方式就是在他身边,接受他的言传特别是身教,而这个时间又不能太短(H.-G.伽达默尔说,"至少五年");在这种言传身教之中,能否被他的言传身教所"触动"、所"吸引"、有"共振"和"互动",则又至关重要,这直接关系到受教者的生命能量和智慧有无提升以及提升的程度。

不过,"智者"只是为你"'引'路",不能替你"'走'路";人生之"路",要靠你自己去"走",必须由你自己去"走"成。正如俗话所说,"师傅领进门,修行在个人"。最根本的是:你自己实际上"走"成了什么,而不是师傅为你"指引"了什么;人生之"路",最终能否"走"成一个模样，又全在你自己。而你的"心"，可以被"触动"；但是，"心"的修炼、"心灵境界"的提升，只能靠自己。中国禅宗二祖让达摩祖师给他安"心"，达摩叫二祖把"心"拿出来，二祖由此开悟。人生于世，可知者甚少，能力又非常有限，外界则非常凶险，人的"不安"因此而生；解决这种"内心的不安"，只能靠你自己，别人就是想帮也无法去帮。

为此，你一定要付出自己的劳动和努力。即便我们碰到了神、佛，他们不可能也不会替代我们去走本该我们自己走的路，去克服我们本该我们自己克服的困难；他们更不会像农民工那样，你付给他们一些钱（例如到寺庙去烧香磕头送红包），他们就来给你打工；想付一些钱，让神、佛来解决我们自己懒得去解决的难题，有这种想法的人其智商不会很高。

想走的"道路"越是伟大，就意味着：需要你克服的困难越多、化解的危机越严重，就越需要艰苦卓绝地工作。这里面，除了"勇气"之外，还需要具备相应的"能力"；除了"勇于担当"之外，还得"能够担当"。君不见，我们身边的一些人削尖了脑袋、不择手段当了"官"、谋了"权"，却最终爬得高摔得疼，有的甚至摔得粉身碎骨。这就是因为心术不正，缺乏坚强的"心灵"、坚定的"信念"、坚韧不拔的"精神"；当然，除了这些之外，还得具备足够的担当能力乃至能够吃苦耐劳的体质体力。

世上的人们，每一个人都有自己的长处，都会做出一些与别人不尽相同的事情和业绩来；因此，每一个人，都是重要的甚至是不可或缺的一个。换一句话来讲，每一个人或多或少都会有自己的行业，有自己的创意、创新。尽管如此，创新，前面已经说过，是会有一些意料不到的、你并不想得到的苦果，你不得不吞下；由此而带来的所有压力、困难，有的时候也都得你自己一个人扛了。在这种时候，就要看你的担当是否有相应的足够的能力，能否愈败愈勇、百折不挠，能否坚持到最后的胜利。而能够帮助你自己的，只有你自己的"心灵"、专业技能和体能了。

### 1.3 人的三性及人类的走向

人的一生,经历"人生旅途",根据自己在"路途"中的行走、践履和体悟,懂得了"道"并形成了自己的"道";但是,如何看待"道",则因人而异,各不相同。

#### 1.3.1 学"道"难,行"道"更难

中国古代的许多圣贤,把"得道"看作是人生的最高目标。孔子是把这一点看得最重的,因此说法也似乎有点夸张:"朝闻道,夕死可矣!"[3]人生"生死事大",人们生死以求"道",连"性命"也可以"舍"去;"得"到了"道",便"心静"如"死",也就"了脱"了"生死",可以"置生死于度外"。这种领悟,确实体现了一代圣人的水平。

"闻道",是为了更好地"做事",自然不能"一死了之"。并不是"得道"了就完事了,就可以去"死"了。"得道",只是"始",而非"终";"得道",只是万里长征走出了第一步,"得""道"以后,责任更加重大,任务更加艰巨。"得道",便"懂得"了人生为什么有"生"、"死",知道"人身难得",进而更好地善待人生。

老子说的就有这个意思:"上士闻道,勤而行之;中士闻道,若存若亡;下士闻道,大笑之,不笑不足以为道。"[4]得到了"道",就应该更好地践行、更加地勤奋。这些"上士",都把"得道"看作是自己心灵得到净化和精神境界的提升,看作是对世界对众生有更大的担当和奉献。

不过,对于大多数人来讲,"道"大而无当,离他们的实际生活太遥远;他们沉溺于实际享受物质名利,是无法"懂"得"道"的重要的。"道",又是不可"感"、不可"知"的,用通常的"感"、"知"是不可能"接触"、"懂得""道"的。因此,他们和"道"不同步、不同频,不在同一个"深度"、"维度",他们或是根本不懂得"道",对"道"不理解、不重视;或者根本是在两股"道"上,南辕北辙,相背而行。而在眼下的中国,还有一些人根本不懂"道"的精神质量,不懂得去看淡、放下物质财富与名利,反而挖空心思地用"道"去包装自己、作为商品去进行交易。在这些人看来,什么都是可以拿来进行交换和买卖的。

"接触"、"感知"、"懂得""道"难,"行""道"就更难了。自从有"学道"、"行道"以来,已经几千年了,迄今为止有成就者并不多,这就是证明。这个"难"度,一定要一开始就明白告知大家,特别是那些愿意"学道"之人。立志"闻道"、"悟道"之人,一定要让他们一开始知道其"难"的事实,而不是佯装出"易"的样子。佛教界很多高僧大德出于慈悲心,"放低门槛"、普度众生,一片菩萨心肠;然而,在我看来,门槛低了,迈进寺庙的人是多了,但由此也会混入许多其志并不在"闻道"、"悟道"的人,寺庙便从此不得安宁。我是亲自见过类似的地方的,短短的一二十年,就变得面目全非。

任何事情,都有其两面性,往往成为一把"双刃剑"。正所谓"福兮祸所伏,祸兮福所倚"[5]。"学道"之人,还得有这样一个心理准备:比方说"功",一眨眼的工夫,就变成了"过"。作为真正有所创造乃至"得道"之人,不要以为自己有所创造、"得道",别人就一定会正面评价你、敬重你;恰恰相反,你一定要做好被泼脏水、被糟蹋乃至群起而攻之的准备。因为,出乎你意料的是,你的有才能、有所创造、"得道"这件事本身,就已经得罪了一些人,引起了他们的切肤之恨;这样的一种仇恨,即使你本来就很尊重他们、从没有(甚至从没有想到过)冒犯他们,尽管你有多少真诚友善的表示,也无法弥补、难消其恨。你的发明创造、成就功绩,在他们眼里,就会变成一种"把柄",成为他们攻击你的武器;有赫赫战功,功高并不盖主,而在他们看来,你就一定是"野心家";你的学术成就,一家之言,也会让你变成"反动学术权威"、"牛鬼蛇神"。还有一种,例如牛二[6]那样专门喜欢用无赖手段"挑战"英雄的人;在当今的中国,缺少的东西很多,但从不缺少糟蹋英雄的人。"英雄"碰到"无赖",不被"挑战"、不受"糟蹋",不在这样一种的过程中艰难成长,也就"不足以"证明其为"英雄"。

### 1.3.2 与神同修,与魔共舞

事实上,任何一件事,都会因不同的人,在不同的情况下产生不同的作用、功效与结果;对这同一件事,不同的人也会有不同的态度。总起来说,对同一件事情,会有三种人,表现出三种态度。正如俗话所说,人分三类:上等人,人捧人;中等人,人比人;下等人,人踩人。从这里,我们把人性可以大概分成三种:神、人、兽。

第一种,当你上路走出第一步、特别是当你有所发现、有所创造的时候,就会有一些长者、智者鼓励你、提携你,甚至是呵护你,使你不受侵害。

第二种,当你表现出才能、有所成就的时候,也会有些计较、不服乃至嫉妒,疏远你,孤立你;但不会加害于你,他们尚有道德底线。

第三种,当你有所创造、有所成就的时候,则会挖空心思、千方百计地去造谣生事,不择手段地打击你乃至迫害你。他们没有道德底线。

前一种,我视之为圣贤、智者,乃至于神、佛,堪称楷模,是我们的榜样。中间的那种,我觉得那是些普通的人,有七情六欲,尚属人之常情。最后一种,就是被人们看作是魔、兽的那种,在人与人之间奉行"丛林法则",掠夺、残害,无所不用其极,没有做人的底线,公然无耻。

特别是最后那种人,对于一个人能否磨炼成坚强的内心、能否做成大事、能否不负此生,关系极大。他们能够让一个人磨炼得能够控制自己的情绪、能够忍受屈辱、能够舔干自己身上的血迹与抚平累累伤痕,不怕任何艰难险阻,胜利地走出"丛林"。这样的人,越挫越勇,无论遭遇多大、多少次的失败,也绝不气馁、绝不退缩、绝不失去自己的尊严,而坚持走自己的路。

然而,重要的是,这三种人,都是你生命中不可缺少的。你遇到的人,都是你生命中最重要的人。甚至,真正造就你的人、让你体现尊严和价值的人,恰恰不是神、不是人,而是魔、兽。为什么这么说? 因为,魔、兽不断给你设置障碍,你也就有机会不断提高破除障碍的智慧,正所谓"吃一堑,长一智";不"吃一堑",怎么能"长一智"? 牠们给你以打击,却为你增强了抗打击的能力;牠们越打击,你的抗打击能力就越强;只有这样,你才有可能百炼成钢。

### 1.3.3 人仍处于人类社会的"初级阶段"

人类进入了 21 世纪,依然兽性猖獗,"丛林法则"盛行。这就用事实说明了,人类当下的文明程度,人类从猿猴变形之后在人的道路上究竟走了有多远。在这一点上,坦率说,许多人对人类是远远高估了的。在我看来,充其量,我们人类现在还处在人类社会的"初级阶段"。

根据佛教理论,我们这个世界,是佛、人、魔同在的,缺了谁也不行;缺了其中如何一个,这个世界就不完整了,就不平衡了;没有魔,也就无所谓佛,也无所谓人。真正的佛,最多也只是能够制约魔的猖獗,而不能让魔皈依,更不可能消灭魔。真正的人,是能与狼共舞,而不能驯服狼,更不可能把狼消灭干净。佛,在与魔的遭遇中修行;人,在与狼共舞中成长。

对应于人生旅途中的这三种遭遇、所面对的这三种人,我们自己的心中就有相应的三种认识、心态和境界。所谓"认识",在 H.-G.伽达默尔看起来,所有的"认识"都是"'再'认识"。他的这种说法,在这里也适用;因为,人是从动物变来的而且尚保留严重的"动物性","动物性"对于人是非常熟悉的、记忆犹新的,现在的人对于人身上的"动物性"根本不是第一次认识、而是一种"再认识"。重要的是,人正是在与魔、兽的博弈中成长的,因此要勇于面对现实,不能因人世间有魔、兽的存在,不能因为魔、兽的一时猖獗,而对人生产生过于负面的看法,不能因此而消极厌世;更不能因为魔、兽的一时得手,而去改行魔、兽之道,以致一失足成千古恨。

我曾经说过,我们普通人身上,佛、人、兽的因素多多少少都会有一些;因此,一个人有时会是佛,而有的时候则成人乃至兽。当你做佛的事情的时候,你就是佛;当你做人的事情的时候,你就是人;而当你做兽的事情的时候,你就是兽。正因为我们每一个人身上都有魔、兽之性,如何有效地管住自己身上的魔、兽之性,是每一个人都要时刻警惕、认真对待和牢牢把握的。我后面所讲到的"管住自己",主要是就这个方面来说的。

而对于与"兽"、"魔"的遭遇,刚开始的时候,肯定是不大适应的,甚至猝不及防、会束手无策,一下子不知道如何应对;这很自然,不必惊慌,当然也不用害怕。从认识和实践上来讲,"道高一尺,魔高一丈",这是很自然的甚至也很正常的事情。"道"高了,"魔"也会提高,才有可能和你继续较量、争斗下去,也才有了"道"的继续提升和持续存在。没有了"魔","道"也就不存在了。人乃至人类,就是在这样一种的"道"、"魔"的博弈中、此长彼消中前进。可以说,一个人能否有大作为、大成就,往往和他是否遭遇了大魔兽、经历了大磨难成正比的;遭遇的魔兽越厉害,磨难越严重,一个人的成就往往会越大。

### 1.3.4 "大隐若常"、"大智若愚"

这样一种成就大的人,就是"得道"的人。在一些"得道"的高僧大德身上,我们往往可以"看"到种种深邃的洞见、高尚的精神境界和洁净的灵魂。因为他们的"深邃"、"高尚"和"洁净",就往往有"显"的部分和"隐"的部分。这样一种的"显"、"隐"关系,就像是冰山"露"出水面和"隐"在水面以下的两个部分的关系。在实践中,我们要学会:不仅仅能"看"到"显"的部分,更要能够"看"见"隐"的部分;那些"隐"的部分,往往重要得多,力量也强大得多。而这个"隐"的部分,恰恰是被人们称为"'密'码"、"'潜'力"、"'暗'能量"的部分。

但是,凡"隐"者,"细微"而"幽深",往往不易觉察,非得有"见微知著"的本事不可。能够触"微"探"幽",这也是"得道"、"道行高深"的一个重要标志。

越是"道行"高深,因此也就越是"谦逊",越是不显山、不露水。这种"不显"、"不露",并非全是其本人的有意为之;而是其"道行"、"能量"本色使然;之所以被叫作"'密'码"、"'潜'力"、"'暗'能量",就是因为常人看不见、不易觉察。大有,似大无;"神龙见首不见尾";"道"字本身,就是"见首不见尾"。"得道"之人,其状如"道","惟恍惟惚"[7],遁隐其形,视之若"无"。

这样的一种"谦逊"、"隐",也表现在:对于我们自己,本事越大、成就越大,越是谦虚谨慎,越是坚持勇猛精进、不断进步。对待他人,就越能"与人为善",心里有别人,知道这天地山河虽然大好但必须是与所有人共享、是所有人的,而不是某个个人的。懂得尊重别人;每一个人,都有尊严,都需要有尊严地活着或死去;当对方是小人物处于最容易被伤害的时候,谁能不施伤害而维护其尊严,谁就是一个懂得尊重别人的人。每一个人,都有其不同的价值;要能准确评估其价值。不因为自己的高明,而好为人师,更不能恃强凌弱;恰恰相反,而是不争,不辩,不炫己能,不露己异,坚持"'不同'而'和'",学会与常人、众生平等相待、和谐相处。"和其光,同其尘"[8]。人,都从平凡起步,既要能超凡入圣;真的成为圣贤乃至神仙之后,又要学会超圣入凡,以圣贤之境界过常人之世俗生活,以"出世之精神"做"入世的事业",不弃众生,不离人世。对于旁人,也要"看"得"见"他们那些"隐"的部分,他们"潜在"的能量和无穷的力量,并努力加以"发现"、适时地挖掘和发挥,绝不能埋没与闲置。

### 1.4 路,只有"坚持",才能"走"成

路,本来就没有,也不好走,得从无人处甚至荆棘中开辟出;加上"魔"、"兽"的出没、捣乱,就更难走了。行路难,但得坚持走;正因为"难",才需要"坚持"。

记得鲁迅说过,地上本没有路,走的人多了,便成了路。这就是说,路,不是先天就有的,而是要靠人去"走"、才能"走"出来的。或许,天上可能掉下个林妹妹;不过,天上绝掉不下那种平坦而又笔直的人生路来。

而且,走得人太少是成不了路的;往往不是一个人走、还得有其他人一起走,才有可能走出一条路来。所以,"走"的次数乃至"走"的人数,也不能少,这就要靠自己和众人的"坚持"。走得多,就需要"坚持",无论做什么事情,"贵在坚持";万事开头难,开了头而又能"坚持"到底,就更难。路,之所以能够走成,也就在这样一种的"坚持的努力"之中。

人生之路,往往是一条前人没有走过的路,不可能布满了鲜花、平坦又笔直;恰恰经常是泥泞而坎坷,荆棘丛生,并且有诸多艰难险阻。走这样的一条道路,需要付出怎样的努力、艰辛是可想而知的,信心的坚定不移、意志的坚韧不拔、能力的所向无敌、行为的勇猛精进是必需的。人生之路,是这样;基于人生的哲学之路,也是这样。与此同时,所形成的我们自己的"心径"即"心路历程"也是这样。在创新的过程中,锻炼、提升并最终彰显着创新者的"心径"即"心路历程"。

在这里要特别提请读者们注意的,人类历史一再证明和重演、我们自己也有所经历体验的是:创新之路特别是那种颠覆性的创新之路,是极少能得到时人支持的;恰恰相反,反而常常会遭到群起而攻之、竭力反对甚至利用其权力财力打击、迫害之。搞创新、有大作为,必经大磨难;伟大的业绩,必经艰苦卓绝的奋斗而创造;越是伟大,就愈加艰苦卓绝。创新,而没有人反对,正说明这种创新还不够重大,不够重要。

## 1.5 路,就在脚下——"机缘"

那么,人生的路应该怎么走呢? 这条路,应该从哪里起步呢?"千里之行,始于足下。"这句话,既充满了人生的哲理;也使得哲学的活动,变得切实可行。人生与哲学之路,就在此时此地的你的脚下,就从此时此地的你的起步开始。此时,不管你是身处顺时还是逆境,都是"时",都是"当下",不必拣择,也无法拣择。不拣择,既是"随机",也是"随缘"。

拣择即错;因为,拣择,挑三拣四,往往会坐失良机。大家都知道,有一个朝三暮四的故事,见诸于庄子的《齐物论》和列子的《黄帝篇》:宋国有一位养猴子的老人,开始的时候,每天早晚分别给每只猴子四颗果子;后来,因为家境不好,想改成早晨三颗晚上四颗,猴子们坚决反对,却愿意接受早四晚三。从这个故事,我们可以看出:挑三拣四,看似聪明,往往被聪明所误。若挑三拣四,就有可能被利用。

## 1.5.1 "随机"事大,不可小觑

能够"随机",得有大本事、大"道行"才行。因为,"机"是一切事

物的"枢纽"、"关键",正因为是"枢纽"、"关键",既极其重要、又极其"细微"而"幽深",肉眼凡胎极难察觉。对"机"的察觉,得用"心眼",得有"慧眼",才有可能"见微知著",在"细微"处见"伟大"。提倡从日常生活、凡人小事中察觉大问题,即便是极"平常"极"细微"处,也丝毫不放松警惕、不失高度警觉,在常人不疑处设疑、不问处下问,这正是一种"大智慧";佛教的"智能",除此之外,须更添"出世精神"。

"觉察"了,就要"把握"住、"持守"得住,并且不要轻言放弃,哪怕是因此而遭遇重大打击、被群起而攻之甚至引来杀身之祸。事实上,动静越大,打击者越多,有的时候恰恰越证明你的"道路"选对了,值得"走"下去。

不拣择,可以说是一种"心态"、"心境"。之所以说"不必拣择,也无法拣择",还因为:过人生、搞哲学,是讲"机缘"的,一定得"当'机'";而人生到处是"机";石火雷电乃至刀光剑影,不同凡响,就一定是大"机",千载难逢,更是可遇而不可求。日常生活中,处处有"禅机";这句话,对于懂得禅宗的人来说,并不难理解。而自从现象学诞生之日起,日常生活中的凡人小事在欧洲也都可以做哲学的谈论,引起了人们的广泛注意。因此,可以说:日常生活中,处处有哲学。既然,"'处处'有哲学","无处不在";那就不必拣择了。更何况,那也不是"拣择"的事情,而是能否"发现"、能否"看"而能"见"、能否"当机立断"、能否"得"而"把握"、"持守"的事情了。不少的人,往往是"视而不见","当机不断","得而复失"。

### 1.5.2 事无巨细不得懈怠

对待我们身边的人和事,无论尊卑与巨细,都是由"缘"所致,都是该出现的,都是你应该善待的;因此,都要珍惜,都得认真对待,都要处理好。特别是一些日常生活中的凡人小事,一些事情的细节,很多人是不在乎、不注意的,根本不放在心上;更不能见微知著。可是,如果你对小事都不用心,都做不好;你去做大事,人家怎么能放心?你用心,人家才能对你放心。你对小事都那么认真、重视,人们对你就会有信心。建立自己的"信用"、别人对你的"信心",是靠"做"出来的,而不是靠"说"出来的;就应该这样地以小见大,一点一滴地去积累。

有佛友曾这样讲到本焕长老:他每吃一口饭,每走一步路,每说一句话,他都是极其认真,小心翼翼,如临深渊,如履薄冰,不敢有任何放逸,不敢有任何懈怠。特别说到本老的吃饭,他每一个姿势,每一个动作,都是端端正正;一举一箸,一低头,都是一丝不苟。食毕,碗中干干净净,不会剩一粒米、一滴汤、一片菜叶。然后,恭恭敬敬,端坐在那里,待大家都吃完,才会起身离开。佛法,就在本焕长老的这样一种的一言一行、一举一动之中体现。这样去做,就能像《金刚经》所说:"一切法,皆是佛法。"

为人垂范,是佛家修行之根本。"我要为大家做一个好样子。"正如本老所言,他成为了人们的好榜样。也有人说,做任何一件事情,都要把它看作是自己人生所做的最后一件事,认真仔细,把它做得毫无遗憾,乃至做成样板。

### 1.5.3　何谓"机缘"

我在这里,要强调的是"机缘"。何谓"机缘"? 有人说,是"由不得你";也有人说,是"逃也逃不掉";当然,"机缘",也并不都是"非你莫属"。

能否把握住"机缘",还得看你能否"触""机"而"动",能否"看"而得"见",能否"见机""行事"、"当机立断",能否"得"而"不失"。既然,"处处都有"、"无处不在";那么,能"看'到'",应该是不成问题的;但关键还在于能否"看'见'","看"而得"见"、"看"而有所"见"。"看'到'",不一定就"看"而能"见",这里是:一字之差,而谬之千里。要不,怎么会有这样的一句成语呢:"视而不见"! 意思是说:"看到"但"没有看见";"看'到'"了,未必"看'见'"。

人,能否有所"发现",能否产生哲学的感觉、思考,就在于这个"见"字;另外,"看'见'"了,还要能够及时"把握"、"持守"。只有这样,才可能有所"触动",有所"体悟",有所"发现",乃至有所"创造"。

### 1.5.4 "机缘"与现象学

关于和 H.-G.伽达默尔的那次"意外遭遇",我在 2004 年出版的《道,行之而成》中做过介绍和解析;这次,我再从"机缘"的角度做哲学的解读。

对于这次"意外遭遇",我有一段描述。著名经济学家汪丁丁的经济学素养,大家都比较熟悉;然而,他的哲学特别是现象学的功底,知道的人并不多。他看了我在《道,行之而成》之中的这段描述,就说:"这是现象学呀!"说实在的,哲学界的一些朋友也很少一下子能看出这是现象学的;他们大都惊奇于我竟是这么意外地认识 H.-G.伽达默尔的。当然,不喜欢我的人也许会说:这是在吹嘘我和 H.-G.伽达默尔的关系罢了。正所谓:仁者见仁,智者见智。

事实上,我是通过这次"意外遭遇","顿悟"到了现象学的一个真谛:"真理"是"意外"的"遭遇",是"突然显现"的,"不期而至"的;当它突然降临的时候,你能否及时察觉并把握得住? 在这样一种的察觉和把握中,存在着某种你看不见的非人能控的力量。在《真理和方法》这本巨著的扉页上,H.-G.伽达默尔引用了 R.M.里尔克的诗句:如果你只是接住自己抛出的东西,这不算什么,不过是雕虫小技;只有当你一把接住"永恒之神"以精确计算的摆动,以神奇的拱桥形弧线,朝着你抛来的东西,这才算得上一种本领,但不是你的本领,而是某个世界的力量。(见洪汉鼎译本)

在"真理"问题上,这是现象学的一个重要发现和突破! 按照中国的思想文化传统,可以说:"真理",是"踏破铁鞋无觅处",而又"得来全不费工夫"的,往往是"蓦然回首,那人却在灯火阑珊处"! 对于这种"意外"的"突然显现",H.-G.伽达默尔对我讲过生动一例:海面上大雾迷漫,在甲板上伸手不见五指,一座小岛突然破雾而出,有人会惊呼:你们快看:那! 这也就是德文的 Dasein 所要描述与表达的。M.海德格尔就是用了这样一个词,揭示、解读了现象学的精髓! 那种"意料之外"的"突然显现",那种"不期而至";因此,是"全然没有挂碍"的,没有任何的依赖也无法依赖的。也就是说,既不根据已有的"知识"、"理论",也不是根据"预设"、"预见",更不是按照"逻辑推理"、"数学演绎"得出的。

我们也可以从这样一种角度来解读 E.胡塞尔的把一切"搁置"(epoche)起来,直接地"面对事物本身"(zur Sache selbst);换句话说,就是把"预见"、"知识"、"理论"、"逻辑"、"命题"等等统统"搁置"起来,而"直接面对""真理"的"突然显现"。也就是说,谈论"真理"问题,就要"言归正传","回到""真理"的"突然显现"上来,"回到""事件"本身的"突然发生";事物本身的突然出现,让我们心中一动:发生了什么事(Es gibt etwas)? "真理"的"突然显现",是现象学的主题;而"事件"本身的"突然发生",则是 M.海德格尔对 E.胡塞尔现象学主题的进一步发展。这种"发生"的"意外性",说明这种"发生"并不在"意识"之中,不是"意识"之中的"存在";而完全是在"意料之外"、"意识"之外的。只有当这样一种的"意外""发生","震动"了我们,才使我们有所"感觉",有所"意识",有所"思考"。

之所以说是被"震动",是因为在"实际生活"中直接面对面的H.-G.伽达默尔和讲台上的、书本中的他,竟有这么大的差异,竟是那么不一样! 这样一种的"发生"以及所引起的"震动",是我们"感觉"、"意识"、"思想"的"动因"。这些"动因",并不是由人们的"意识"引起的、决定的;恰恰相反,"意识"是被这种"动因"所引起的。

这一点,可以打破 E.胡塞尔的"先验自我学说"。也就是说,这样一种的"意外""发生",并不取决于"先验自我",与"先验自我"无关。因此,哲学思考的重点,不应该放在"意识"上以及"意识"的过程之中。由此而形成的哲学思想,也不应该是一种"意识哲学"。

那个"未见过"的、被人们"忘记"了的实际生活中的 H.-G.伽达默尔的"突然显现",如同那个海面上雾中岛屿的"突然显现",把我拉回到书本、讲堂背后的"实际生活"中的"真实存在"。这种人的"日常的生活实际"中的"真实存在",被 E.胡塞尔作为"自然状态"和人的"自然态度"而"搁置"起来;也被 H.-G.伽达默尔在与"艺术"的相比较中有所冷落。

M.海德格尔和 H.-G.伽达默尔揭示了:"命题的'真',并不是'真理'的唯一的也不是最终的所在"。然而,我们在这里,以这样一种"实际生活"的"真",可以证明:艺术、语言的"真",并没有能够穷尽对"真"的考察。当然,本著还想指出和着重描述的,是与宗教、信仰相关的"真"。

而这样一个"实际生活"中的 H.-G.伽达默尔,和我"已见"、"已知"的全然不同,又是第一次出现在我的面前,过去没有见到过。这样一种"从未出现"、"从未见到",竟如此"突然"、"意外"地"自己""出现"在了我的面前!而且,又是那么的"真实"!那么的"活生生"!没有过多的"修饰"、"打扮",全然是"真实存在"。

"和'已见'、'已知'全然不同",也就是说,"真实"、"本来面目"的"发生"、"显现",与"已见"、"已知"本无关系,甚至恰恰相反。以此,可以推翻"先入之见"。

从中国传统思想文化的角度,这样一种"意外遭遇"可以做"机缘"的解读。"发生",即这种遭遇的"出现",不是因为主观"意愿",不是因为有"先入之见",也不是因为由某种"理论"、"道理"所导致的,有时也不是可以用"意图"和"理论"、"道理"之类可以解释清楚的;而可以看作是"机缘",即"机遇"和"缘分",这种"机缘"是"意外"发生的,中国人称之为"天赐",如"天赐缘"、"天赐良机"。

### 1.5.5　哲学,重在"见'机'"、"见'心'"而非"讲'理'"

以"机遇"为主题、"明心见性"为根本,而不是以"道理"为宗旨,所形成的哲学思考就不再是"讲'道理'"的了,而是以"机会"及其"遭遇"、"心灵"的"碰撞"、"心透玄机"等等为主要内容了。我惊奇地发现,这样一来,现象学、解释学可以把视角转移到"机会"、"遭遇"、"见机"以至"心灵"等方面来,从而成为一种"机会"、"遭遇"、"见机"和"心灵"的哲学。

最初,对于这个"机",我完全是好奇。小时候喜欢听《封神榜》之类,知道了有一个"天机"的存在;这个"天机"连神仙都奈何不得,更不要说皇帝啦! 世上竟有如此大的伟力在,引起了我极大的好奇心。"道行"的是否高深,就在于能否"心透玄机"。自然,还有"天机不可泄露"之类的话。这些,在我听来都非常神秘;不过,等我学习了现象学之后,觉得现象学是强调"真理"的"显现"的,因而是主张"露"的,现象中往往有"天机"在,往往有"天机"的"显露"。当然,M.海德格尔还特别补充了另外的"遮蔽"、"隐藏"方面,这显然是区别"露"的另外一面。

正如人的心中有"灵机",而任何事情则都有"枢机";"灵机"和"枢机",是人和物、心和事的关键,且具有对应互动的种种关联。"灵机",乃"心灵"之"机",特别要注意到被压抑的潜意识里那些东西。"灵机",能"动",正所谓"灵机一动",特别要能触动那些在潜意识里被压抑的东西;当然,"动",须得恰逢其时其地其人。所谓"机灵",是说人对"机"的特有"敏感"、反应"灵活"。"枢机",得靠"拨动",如同箭在弦上得靠"拉动"才有可能射出。当然,还有"天赐良机",这个"机"则不是"人为"的,而是完全在人的"意料之外"遭遇的,所以叫作"天赐"。

我和 H.-G.伽达默尔的"遭遇"这种"机会",完全是出乎我、也出乎了他的"意外",所以类似于"天赐"。因为:谁又能想到我们俩会去乘"同一"趟火车? 谁又能想到我们俩会坐"同一"节车厢? 更想不到他需要帮忙时,竟没有一个德国同胞去帮助他把旅行袋放到行李架上? 这么多的"'机缘'巧合",才有了我们俩的接触、交谈,也才有了我去海德堡大学他身边的研习解释哲学。

不过,话又说回来,只是因为有了这样一些的"动"、"赐"[9],才可能"有""'现象'的'显现'"或"'事件'的'发生'";而且,也才可能"有"随之而来的"作用"、"效果"、"影响"之类。因此,根据我的这样一种经验和理解,我觉得在"机"、"事件的发生"以及"作用"、"效果"、"影响"之类的前面,还有一个非常重要的不可或缺的东西,那就是:

"动",诸如"触动"、"拨动"、"赐予"之类。这个东西非常值得研究。这正是我想加在胡塞尔的"'现象'的'显现'"或海德格尔的"'事件'的'发生'"前面的东西,并作为哲学首先需要思考的东西。比如,"'心'动",如果我不是"动"了帮助老人的"同情心"、"恻隐之心",就没有我和 H.-G.伽达默尔的"相识"的"发生"。

我认为,只有这样,哲学才有可能成为是首先思考"动"即"行为"特别是"'心'动"的,把"行为"特别是"'心'动"放在第一位的、先于一切的;而且,这种思考,也不再局限于"精神"、不再是把"精神"放在首位,而是进入了"心灵"、"灵魂"的层面与境界。如果我们对"行动"进行哲学的思考,那首先得考虑这样一些的"动",特别是"天赐"这样的"动"、"心灵"的"动"。

俗语说"灵机一动,计上心来"。老师教人,医生治病,其实就是在点拨你的这个"机",让你这个"机"打开、"动"起来。"打开"、"'动'起来",就是"开窍"、佛教说的"开悟"、"心心相印","机"的打开、"动"起来一定触及"心灵"与"灵魂"。

主发谓之"机",箭在弦上要发出去,必须"拨动"这个"机"。其他任何事情都是这样,都有一个"机",只有"触动"这个"机","事件"才会"发生";不触动这个机,其他的条件再多,也没办法引发事件。"机"就是这么一个东西,它是事件"发生"的"关键"因素。这个"机",有时也叫"关键"、"中枢"。

而且,要能"见机"。这个"见"字,在中国古代通"现"字;在这层意义上,"现"象学也就是"见"象学;如果结合中国传统思想文化之一的佛教,也可以说是"'见'机"学。

下面,由"经"典的解读,我想就人生之"路",结合现象学、解释学的基本"路径",再做一些探究与阐发。

### 2. 人生之路与哲学

"路"的"'时间'解读"。人生之"旅"之"路",人们常常是用"时间"去解读的,作为一种"时间"的进程;不过,这里的"时间",不是那种数学的物理的,不是钟表的。

对于这样一种的"'时间'解读",中国一些思想家、哲学家早已做过类似的尝试。例如,孔子把人的从生到死划出了 15、30、40、50、60、70 岁的不同年龄段,这是一种对人生所进行的"岁月"解读,亦可以说是对人的"存在"的"时间"解读。在现象学里,严格意义上,这样一种解读是从 M.海德格尔开始的;他借助于用"时间"去解读"存在",在其代表作《时间和存在》中作了明确的阐述。值得注意的是,这里的"时间",显然不是那种数学的物理的,不是钟表的。在人们的日常生活中,说一个人"老"或者"年轻",连上面孔子那种年龄段的分法也不适用;在现实生活中人们常常发现,有的五六十岁的人像七八十岁的,有的则相反七八十岁的像五六十岁的,也就是说,七八十岁的不一定就比那五六十岁的人"老"。还有,佛经里面的"时",则是恰如其"时",又不同于上面那种年龄段的分法。而这样一些的对人的"存在"所进行"时间"的解读,对于理解 H.-G.伽达默尔的哲学思想(包括《美的现实性》中的)也是至关重要的。

重视实际人生,从日常生活事件中挖掘哲学的意义,也是佛教思想的基本倾向。佛陀因对人世间的生老病死有所感触,而离家修行;佛珍惜人生,强调"人身难得",立志去开辟一条能够解决人的生老病死的"道路"。中国禅宗的公案,大都从人们身边的凡人小事入手去揭示人生真谛,如"吃茶去"、"麻三斤"等。对于人生而言,他们最重要的一个时间概念,就是:"当下"。

在本文中,我基于自己的实际生活、并结合中国传统思想文化如佛学,来解读、阐发《美的现实性》的;同时,我又运用《美的现实性》中相关的思想理论,对自己实际人生乃至日常生活事件,做现象学、解经哲学的解读和阐发。由此,构成了一种"生活"与"哲学"、中国与西方思想文化之间的对话、互动、互释;最终,把这种"对话"提升到"心灵"的层面,使得能够在"心灵"之间和精神层面开辟出一条"道路",得以"通达"。

### 2.1 哲学,从日常所为谈起

实际的现实的社会问题乃至哲学问题,往往与看得见、摸得着的事情包括人们的日常生活有关,并由这类事情体现。由 E.胡塞尔首创,并由 M.海德格尔大力推进的现象学哲学的出现,曾让正在苦苦思索实际的现实社会问题如何解决的法国哲学家们兴奋不已。在《岁月的力量》中,D.波伏娃曾经真实地记录了这样一种的兴奋:

在巴黎的一家咖啡店里,R.阿隆(Raymond Aron)指着他的酒杯对 J.-P.萨特(Jean-Paul Sartre)说:"你看,我的朋友,如果你是一个现象学家,你就能谈论这杯鸡尾酒,这就是哲学。"D.波伏娃接着写道:"萨特兴奋得脸都白了,或者说几乎是这样。这正是他盼望了多年的东西:就像我触摸它们那样谈论这些事物,这才是哲学……"(转引自《存在的一代——海德格尔哲学在法国 1927—1961》,新星出版社 2010 年版,第 157 页)

虽然,我先是在德国美因兹(Mainz)大学 G.冯克(Gerhard Funke)教授那里学习的 E.胡塞尔的现象学;但是,我真正地懂得现象学,不是在 E.胡塞尔的书本上,不是在与 G.冯克教授的讨论之中;而是后来在与 H.-G.伽达默尔的实际生活(包括德国从斯图加特城开往海德堡的火车上)的意外遭遇之中,以及多次的课堂、书本外的交往之中,例如在去他海德堡大学对岸山顶之家的访问、喝茶、看画册、听音乐之中,在我和他夫妇与魏塞教授在"狼泉"饭庄的欢聚之中,在他夫妇请我和魏塞教授在桥畔亚洲饭店的酬酢之中,等等。正是在这样的一些日常生活中的遭遇、交流、对话,把我引向了现实生活中的自己乃至自己的内心,而不是我自身之外的那些东西;正是这些成为我哲学思想的真实缘起、源泉。正是这样一些的遭遇、交流、对话,使我感受到了 J.-P.萨特那样的兴奋、激动!

学得了现象学、解经哲学,你就常会被日常生活中的凡人小事所"触动",遭遇"机"缘,你就能哲学地谈论日常生活中的一切,谈论鸡尾酒,谈论油盐酱醋茶、吃喝拉撒睡,无所不及,无所不能;而且能"见"出其中的真谛、哲理。其实,在我们的生活中,还有许多比鸡尾酒更普通、更细小而对于人生恰恰又是更普遍、更重要的事情,例如:呼吸。呼吸,普通吧,人人都做,几乎是至少每分钟必须做的;重要吧,人人都离不开,谁离了都有生命危险;普遍吧,人只要活着,就都得做。人的生命,就在这一呼一吸之间。但是,未必人人都能"见"出,未必人人都重视,未必人人都真懂,未必人人都真会;人们"日用而不知"。更不用说现在那些大哲学家了,呼吸之类的"小事"根本入不了他们的法眼,被他们"遗忘"了,被他们抛掷脑后;他们只关心那些大人物、大事件以及所谓的"宏大主题",作"宏大叙事"。

过去的哲学,正如黑格尔所言,是一种形而上学,是一种茶余饭后的事情,而似乎与人们日常生存所需、衣食住行之类无关。这样一来,那些每天、每时甚至每分钟人人都要用到并不容或缺的东西,在哲学上就得不到应有的重视、应有的解读、应有的了解,正如《周易》所指出的那样"日用而不知"。其实呢,哲学从一开始,就已有了这种偏颇。例如在古希腊哲学的开创者泰勒斯(Thales)那里,有一次他夜观星象,后退时一不小心掉在了枯井里;他的婢女就讥笑他:天上那么远的星星都看得清清楚楚,而近在脚下的枯井却看不见! 说来也怪,哲学史上的哲学家们竟大多如此! 他们与日常生活渐行渐疏远,而不是渐行渐珍惜,最后竟至虽然每天都用却忘得一干二净、根本不懂。

这样一种的重"大"轻"小"、重"远"轻"近"乃至重"科学"、"历史"、"艺术"而轻"日常生活"的哲学取向,已经到了非加以纠正不可的时候了!

下面,我从运用"时间"来解读"存在",继续阐发依据日常生活的哲学思路与取向。

### 2.2 "眨眼"和人生

用"时间"来解读"存在",是德国伟大哲学家 M.海德格尔的一大发明,欧洲哲学因此而进入了新的"存在主义"时代。他的博士生、我的德国老师 H.-G.伽达默尔曾(包括在他给我写的《美的现实性》的中译本的《序》里)清楚地表示,他继承发展了这一发明;在他的《美的现实性》里,这整部著作以及他使用的基本词语,都让我感觉到这种"'时间'解读"的影响所在。当然,在这部著作之中,对于 H.-G.伽达默尔来讲,最重要、最突出的一个"'时间'词",应该是"共时性"(Gleichzeitigkeit);他正是用这样一个词,突出了"时间的连续性"乃至"永恒性","时间"地"理解"和"解读"了"艺术经验",打通了"现在"与"过去"。能够打通"现在"和"过去"的,就是"跨越"了"时代";在这个意义上,"共时性"也就成为一种对"不同时代"的"沟通"、"跨越"。

尽管如此,我还是比较喜欢这本书里的另外一个词,即那个"Augenblick"的德文词,译成中文便是"瞬间"、"眨眼"。特别是在我 60 岁之后,当我试图用"时间"来进一步解读自己人生的时候,寻找了许久,"蓦然回首",我竟发现:"瞬间"正是这样一个"众里寻他千百度"而不可多得的绝妙好词! 这个词,帮助了我更好地"理解"、"解读"我自己的人生。

"瞬间"、"眨眼",在德文里是一个复合词,由 Augen(眼睛)和 blick(眨、瞥)两个词组合而成。这个复合词,直译成中文,就是:眨眼;眨眼,就是眼睛的一睁和一闭。"眨眼"、"眼睛的一睁和一闭",对于我们每一个活着的人来说,也是一件"在实际生活中普通得不能再普通的事情",人人天天都在做;然而,就是这样的一件"小事情",却能如此形象而又深入地解密了"人生",这并非常人所能"看'见'"、"想'到'"的。眼睛,本来是用来"看"东西的;而这个德文组合词,却可以用来衡量"时间",形象地"见"出了"时间"的"当下"性、"短暂"性和"普遍"性,让人"一眼"就"看"明白了"人生":"人生",就在这"眼睛"的一"睁"一"闭"之间。

"瞬间",这个与"眼睛"有关的"时间"词,"时间"性地解读了"人生"这样一种"存在",形成了一种独特的"看"待"人生"与"存在"的"视角"和"视野"。这样的一种人生道理,很深刻,甚至连一些哲学教授们都未必能懂;然而,却被中国的小品演员小沈阳一语道破,他有过一句名言:眼睛一闭一睁,一天过去了;眼睛一闭不睁,一辈子过去了。不光是"一语道破",而且还生动活泼、说到了人们的心里去了:观众们听完小沈阳这句话会心的笑,就是很好的证明。能够把话说到听众的心里、让人动心、喜欢听,这并不容易,然而又极其重要。这,恰恰是思想家、哲学家们需要做到的。

不仅生动,而且深刻。"一天"、"一辈子"这样的"时间"段、这样的"人生",被小沈阳用"眼睛"的"睁"、"闭"就说清楚了。其深刻之处,就在于为我们揭示了:人的"生死",其实就在这样一种的"眼睛"的一"闭"一"睁"之间;每一"瞬间",都"性命攸关",因而都是生命中最重要的。显然,这也是一种"了生死",一种对"生死"之"了"。对于人来说,最大的问题、最重要的问题,莫过于"生死";佛陀追究的根本,就是"了生死"。这样一个最大、最重要的问题,却可以用"眼睛"的一"闭"一"睁"这样一件普通得不能再普通的凡人小事来解答!这样的一种解答,就是哲学!这也使我激动不已!由此,我更加坚信并坚定了走这样的一条哲学道路。对于"走路","坚信"、"坚定"是非常重要的;只有有了"坚信"、"坚定",此"路"才有可能排除万难最终"走"成。

事实上,"眨眼"(即"瞬间")正如中国人又常说的"一眨眼的工夫"这样一个"普通"的人体动作和语词,可以显示、说明许多深刻的道理;甚至,我们可以用来描述"人生"、揭示"生死"。以小见大,这么细小的"瞬间",居然可以容纳如此众多博大的世界!正如佛家所言:"大千俱在一毫端"。从"毫端"见"大千",是佛家所提倡的一个重要视角、视野和看事物的路径。

佛教说的"一刹那",就是我们在上面所说的"一眨眼的工夫"。它既可以描述人生的"当下"性、"短暂"性、"普遍"性,还可以阐释人生的"周期"性。一"睁"一"闭"、一"闭"一"睁",往来反复,周而复始;从一定的意义上可以说,"人生"就在这种"一睁一闭"往来反复的"活动"中度过的。这样一个极普通极寻常的谁都能懂的词,居然可以描述、解读宏大的"人生"?!

是的,人生真的极其短暂,岁月的消逝又极其迅速。其短暂正如白驹过隙,短暂得让你来不及觉察和思索。一眨眼的工夫,2004 年骤然而至,我竟也 60 岁了!按照中国人的说法,60 岁,就是一个甲子。一个甲子,就是说:一个人的人生走过了一个大圆圈,一个大周期。这个圆圈、周期之所以称谓"大",是因为一个人一辈子往往只能有一次,现在的人能过两个这样周期的人仍然极少,尽管科学家们预测人的寿命可以高达 150 岁。

把人生轨迹看作是"圆圈",我很喜欢!这是我过了一个甲子后的一大收获。现在,人们在讨论大数据带来的思想理论问题的时候,有的喜欢用"链"、也有喜欢用"环"来表述,而我则喜欢用"球"。在《美的现实性》里,H.-G.伽达默尔曾经引用柏拉图《宴会》篇中的一个故事说:人类本来是一个球体;即便被分裂之后,依然追求着这种球体的复原。中国的太极图、卦象图,都是"球"形的;而且也是一中有二,合二而一的。"球",是圆满的、无缺的、完整的、全方位的、充分关联的、能自我满足的、自我组织和再生的。"点"形、"线"形、"环"形,都不如"球"形;应该用"'球'形"来描述人与人、人与物等等的相互关系,形成"'球'形"的思维模式。

60 岁、一个甲子之后,"人生"随即开始了另一个新的圆圈,另一个新的周期;这是一个人生历程的新的、又一次的起动,或者如一本日本的书名所示:"再起动"。

换一句话,这也可以说是人生的一次"重组"。何谓"再起动"?何谓"重组"?我是想说,在自己的生命周期活动中,那些生命力强的人,会利用好这样一种的"周期性",扶持正气、弥补不足、清除污垢、新陈代谢,着手重新塑造自身,适时提升自己的生命能量和精神境界。人们就是在这样一种的不断重塑自身中,修正自己、改造自己、发展自己、提升自己;同时,也接纳自己。

更重要的是:如果,我们实际生活所在是一种污垢、黑暗、险恶的环境,处于一种很不健康的状态;面对这样一些的困境、难题,我们不害怕,不躲避,不嫌弃,也不怕失败;而是积极面对,坚持信念,勇敢地从黑暗中开辟光明,在丑恶中产生美好。实际上,我们是在走出困境、解决难题中增长智慧、提升能量与提高境界的。正所谓"吃一堑,长一智";不"吃一堑",怎"长一智"?再说了,人生之路,曲折前行;有正有邪,无邪无正;亦正亦邪,方成人生;扶正祛邪,成就人生大道。

对于我来说,人生的这样一种过了一个甲子又重新开始的圆圈,我又称之为:"今生轮回"。这可以区别那种短命的人生,即60岁之前就去世;60岁之前就去世的人,只好期待"来世轮回";广而言之,那些没有能够在"今生"走完一个圆圈的人,只好等"来世轮回"了。

### 2.3　人生的"三层楼"

丰子恺认为:"人的生活",可以分为三个层面。

他说:"我以为人的生活,可以分作三层:一是物质生活,二是精神生活,三是灵魂生活。物质生活就是衣食。精神生活就是学术文艺。灵魂生活就是宗教。人生就是这样的一个三层楼。懒得(或无力)走楼梯的,就住在第一层,即把物质生活弄得很好,锦衣玉食,尊荣富贵,孝子慈孙,这样就满足了。这也是一种人生观。抱这样的人生观的人,在世间占大多数。其次,高兴(或有力)走楼梯的,就爬上二层楼去玩玩,或者久居在里头。这就是专心学术文艺的人。他们把全力贡献于学问的研究,把全心寄托于文艺的创作和欣赏。这样的人,在世间也很多,即所谓'知识分子'、'学者'、'艺术家'。"

"还有一种人,'人生欲'很强,脚力很大,对二层楼还不满足,就再走楼梯爬上三层楼去。这就是宗教徒了。他们做人很认真,满足了'物质欲'还不够,满足了'精神欲'还不够,必须探求人生的究竟。他们以为财产子孙都是身外之物,学术文艺都是暂时的美景,连自己的身体都是虚幻的存在。他们不肯做本能的奴隶,必须追究灵魂的来源,宇宙的根本,这才能满足他们的'人生欲'。这就是宗教徒。"

丰子恺在《李叔同出家是必然》中接着说:"世间就不过这三种人。我虽用三层楼为比喻,但并非必须从第一层到第二层,然后得到第三层。有很多人,从第一层直上第三层,并不需要在第二层勾留。还有许多人连第一层也不住,一口气跑上三层楼。不过我们的弘一法师,是一层层走上去的。"

我很赞赏丰子恺的这样一种"人生"的"三层楼"的说法,其中也是因为我自己有类似的经历。我也上过这样的三层楼:下过农村、工厂,可以算是物质生活的第一层;学过美术史、当过美术编辑、职业地研究过哲学,算是精神生活的第二层;近60岁一个甲子时,拜访高僧大德研习佛经,开始上第三层;不过,至今我还没有皈依、佛经也仍在研习的过程中,这是否算得上了第三层还是个问题。

尽管如此,对于这三个层面的划分与区别,我还是深有感触的。比方说,做学术艺术的工作,主要是一种"精神"的追求,得超越"物欲",不再贪图"物质"的"享受"。而"'精神'的追求","逗留于"良辰美景,仍然是"人"的那种"世俗"行为,并且会有碍"灵魂"的"纯洁"。所以,即便不是宗教徒,也应该有"纯洁"的"灵魂生活"。人,不同于一般动物的根本之处,就在于:人有"灵魂"。判断一个人够不够"人"的资格、是不是"人",关键就看:这个人有没有"灵魂"?因此,人有没有"灵魂"是人生哲学不可回避的问题。

说到"灵魂",不光是佛教经典谈论的主题;就西方哲学来讲,从古希腊的苏格拉底、柏拉图起,就是一个重要议题。作为他们哲学思想的传承者,H.-G.伽达默尔自然也是念念不忘;把哲学研究看作是"回忆"的解经哲学,也常常谈及"灵魂",例如 H.-G.伽达默尔把柏拉图论证"灵魂不朽"的《斐多》篇追捧为:"全部希腊哲学中最令人惊叹、最富有意义的作品之一。起码,正是在《斐多》篇中柏拉图让他的老师苏格拉底在他生命的最后一天与朋友们的最后一次谈话中,说出了一个人所具有的有关死亡及彼岸世界的种种期望。""灵魂属于真实存在的领域",从而和其他一切"虚幻的存在"区别了开来;"灵魂的自我理解","灵魂""在其存在中理解它自身"。[10]

由这样一种"灵魂"所属的"真实存在",而产生了一种新的"存在论"以及相关的"解释哲学"亦即"自我理解哲学"："灵魂""在其存在中理解它自身"。这正是本书要着重阐述并拓展的 H.-G.伽达默尔哲学思想之中的"神圣之维"；而阐述的方法，则借助了中国传统的解读佛教经典的"五重玄义"；等等。

2.4　"进道若退"

当我 60 岁那年，即 2004 年，出版了我的《道，行之而成——走出书斋后的哲学沉思》，为我人生的第一个圆圈做了一个小结。在这本书的"序"里，我突出了"看"（"看"作为"行动"以及"看"的"视角"与"视野"、"视域的交融"等等），探讨了如何"看待"人生和哲学。我采用了现象学的对日常生活中的"实际发生"的事情做哲学的谈论，特别是对我的"相遇 H.-G.伽达默尔"、"走出哲学研究所"两件事情进行了哲学的描述和解读。而且，讲述了自己在实际的生活中的哲学体悟，我常常感觉到："反倒是那些贴近实际生活的哲学爱好者，往往根据生活实际的感受凭着感觉看待哲学，却反而能比较准确地把握哲学。"从高等学府走出来、到基层的社会生活中去，看起来是"退"，实质上是"进"。与此同时，我大量引述、阐发了"缘"、"不必立中间　亦莫住两头"等重要的佛教思想。

如果说，《道，行之而成》的出版，正处于我的人生的第一个圆圈的终点亦即人生第二个圆圈的起点；那么，2009 年出版的《读法和活法——〈坛经〉的哲学解读》，就成为我第二个圆圈 5 年后的新的开篇。这是我再次"退"，从学习学院大师名著"退"而研习一个"不识字"的人的著作。这是一本我专门运用解经哲学以解读中国佛经的哲学著作，通过六祖慧能这个"不识字"的禅宗祖师的典型案例，进一步对"日常生活中"的事件深入挖掘其应有的哲学意义，揭示：是人在实际生活中的种种"机缘"、"遭遇"和相关"应对"，形成并超越着人自己的"存在"。这是一种源于但又不同于 M.海德格尔"思"的和 H.-G.伽达默尔"说"的"存在观"。根据这样的一种"存在观"，互释了人生的"入世"与"出世"、"行为"的"世俗维度"与"宗教维度"、哲学的"契机"与"契理",等等。

之后,一晃又是五年,我已过"古稀之年"。孔子根据他自身的发展道路,对人生做了以下不同阶段的划分:十有五而志于学,三十而立,四十而不惑,五十而知天命,六十而耳顺,七十而从心所欲,不逾矩。"不逾矩",用通俗一点的话来说,就是我曾经讲的"管得住"自己;而真正自觉地"管住"自己,在孔子看来,得在七十岁之后才能做到;圣人尚且如此,可见难度之大。这是孔子本人的总结,他的一生,大概就是这么"过"的。或许,在孔子那个年代,人们的寿命没有现在中国人的长,七十已经是非常难得了("古稀之年"),孔子自己也只活了73岁(孔子的出生年月较难确定),所以人生道路划分阶段也就到七十终止。我刚过70岁,写现在这本书,以尝试对人生做"周期性"的乃至"整体性"的哲学描述与解读;我的这种描述和解读,基于70岁之后的生存经验和生活阅历,希望能对孔子的被限制于70岁的说法有所超越。

这样的一种对人生的"周期性"和"整体性"描述,对我而言,体现为"进道若退"的形态。过了60岁乃至70岁,人生再"回到"的那个起点就是一个新的起点,一个重新开始。新的起点,显然是"进"。对于"进"道,中国的哲学家老子提倡要"若退";看似"退",实际是"进",就是"进道若退"。在生意场上,开辟一个新的战场,显然是"进";但同时必须事先想好"撤出"机制,设计好"退路";这是从生意角度看待"进""退"。政治上,也提倡"功成身退";汉代的张良,在这方面是样板。而对于人生,如何形象地解读"进道若退"?我想起了和恩师 H.-G.伽达默尔一起谈论的"登山"。他讲,在登山的过程中,登上了一个山头,又看见更高处的山头;你从这个山头爬到更高的那个山头,中间就得先往下走一段山路,甚至得过一个山沟,再往上爬。我理解,这种往下走、过山沟,对于登山来讲,就是一种"进道若退"。我想起,我的登泰山,是从正面上山,到了玉皇顶(泰山主峰之巅),过了一夜;第二天看完日出之后,又从山的背面下来,这也是一种"进道若退"。这就是说,人生路径有高峰有低谷,有往上登有往下走,有进有退,有始有终;即便是在"进"的时候,也不能张狂、趾高气扬,不能冒进,而是要"若退"。

这对于我来说,增加了一个从自己的人生经历中"'活'得"的重要体悟,可以说是一种"知进退"。人生难得的就是"知进退","进"、"退"有度,就可以做到孔子所说的:从心所欲,不逾矩。这一点,正是我在 70 年中"'活'明白"的。本书一开头,我讲的那些"眼睛"的一"睁"一"闭"、"赤子之心"以及曾经讲过的"管得住自己"、"做最好的自己"、"剩者为王"、"知止者为王"、"知敬畏者为王"等等,都是"'活'明白"的。其中,我对"剩者为王"颇有感触。"剩",可以解读为"剩余",如果说成是"多余",就有一点消极;而"剩余",特别是"劫后余生",是一种顽强生命力的体现。还有,"人生七十古来稀",显然是一个"剩者";这个时候还有的"勇",显然也就是"剩勇"了;发挥"剩勇",老当益壮,义不容辞;再有成就,也"不可沽名学霸王",而是再用这种老辣的"剩勇",重塑辉煌。这样的一种说法,应该是与孔子的有所不同了,应该是对他的"朝闻道夕死可矣"有所超越了。

### 2.5 "守住魂魄"

因此,从我人生的总体来讲,现在我又进入了一个新的年龄段,我的人生在继续地"过"、仍然处在"过"的过程之中;或者,借用 H.-G.伽达默尔在《美的现实性》书中的一个重要说法"逗留",我仍然"逗留"于我的人生之中。尽管我的话题已经涉及人们现实生活之外的"天国"、"极乐世界";但是,我始终立足于我自己所处的实际的现实生活,在许多试图成佛做神的朋友中间,我一直在坚持先做好人、做好人间的事情,把人间的世俗的责任视为"'天'职",而且要把"职业"提升为"事业"。佛、神,在我看来,他们只是人的榜样;虽然,另一方面,对于人间的世俗事件和问题,也主张要能超越、要用"'出世'的精神"去看待。然而,没有"'入'世",哪来的"'出'世"? 只有"'入'世"深,才能"'出'世"透。

人生走过了一个圈圈乃至到了"古稀之年",有了"走"、"走"的

"坚持"、"走"过的比较完整的"路",似乎同时也具备了某种"回顾"、"回忆"乃至"重新审视"的资格;如果没有这样的一种"走"的"经历",也就没有了"回顾"、"回忆"乃至"重新审视"的资格。我的人生,"道路"曲折又漫长,有多种多样的经历,大的行当竟可以囊括工、农、兵、学、商、政! 我经历过"好话说尽,坏事做尽"的年代,也度过"公然无耻"的岁月。只是,我和一些人不同,并不"健忘",不能像"没事儿人"那样。这些岁月,在我心中刻下了深深的烙印。在这样一种的"路途"与经历之中,我依然能够接受到正能量,我一直铭记着那些默默无闻与世无争而实为中华民族脊梁的艰苦创业者、热爱子女而不惜舍己的伟大母亲、为民族而忍辱负重乃至"我不入地狱谁入地狱"的血性男儿、为了崇高的信念而不怕牺牲前赴后继的斗士。他们的事迹,使我震惊和醒悟:真正的伟大和强大,并不在于手中是否握有强权或者重兵;灵魂的洁净、精神的强大,才是真正的强大。

所谓"精神的强大",最根本的,就是"死都不怕"! 人生最大的最可怕的事情,就是死;佛教《坛经》说:"生死事大"(《坛经》第一章);老子说:"民不畏死,奈何以死惧之!"(《道德经》第七十四章)死都不怕,还有什么可以打倒他(她)的呢! 怕不怕死,对于实际的人生,的确是很重要的。有人讲到"修道"时说:养生、长生,都不是修道的目的;而是看透了生死,不再怕死;既然已经不再怕死,那么死也就不再是问题。不把死当回事,不怕死,死也就对你构不成威胁;生死这一关都过了,还有什么过不去的? 因此,反过来,修道的人也就能够长生。没想长生,反倒能长生;一心想着长生,反而死得快。

说起来也真是荒唐:很多人本不该死,但是他们"怕死",他们竟是被"吓死"的! 什么是"吓"? "吓"成一个什么样子? 人们常说:"吓破胆","吓得魂飞魄散"。因此,在这种时候,有没有"胆量",能不能"守住魂魄",是至关重要的。因为他们是被"'吓'死"的;所以,他们的"死",应该算是"'非'正常死亡"。例如,第二次世界大战期间,有些人进了德国法西斯设的集中营,自以为必死无疑,就只有恐惧而毫无反抗;有的人得了癌症,就害怕了,就觉得这下子完了,先在精神上垮掉了。这些人,因为"怕死",而必死无疑,甚至死得比常人还快。但是,如果不害怕,沉着应对,充分挖掘自己的潜力、寻找机会,往往就有活路。例如,现在美国的金融大鳄 G.索罗斯(George Soros)的父亲,进了集中营,不是害怕,而是千方百计地设法寻找机会从集中营里逃出来,最后真的逃了出来,活下来了。我的一位朋友,他的姑父当过兵、上过战场,九死一生;后来,得了癌症,动了几次手术,医生早判了他死刑,可他现在还活得好好的。他说了:上战场都不怕,还怕小小的癌症吗?!真正的强者,正是这样的一种被判了死刑、陷入死亡之地而后生、能够死里逃生的人!

这样一种的强者,换句话说,就是一个能"守住魂魄"的人。只有能"守住魂魄"的人,才是一个真正不逾矩、不信邪、不惧魔、不怕死的人。这样一种的"魂魄",就是上面我们所说的"'密'码"、"'潜'能"、"'暗'能量"。真正不逾矩、不信邪、不惧魔、不怕死的人,就是这样一种具有巨大、强健的"'潜'能"、"'暗'能量"的人(探究这样一些"'潜'能"、"'暗'能量"的哲学,可以说是触及人内在的"潜流")。这样的一种人,就是那种在第一次被突然袭击之后,似乎被打得一败涂地之后,依然能够再站起来,能够再还手、反击的人。

人生一世,"生死事大"。人在突然遭遇危机、濒临死亡之时,能"守住魂魄",能挺得住,能坚持、坚忍、坚强,沉着应对,并在生死关头能不断地挖掘潜力、增强内生动力、再生能力、提升生命力,不断地进行自我修复、自我重组;这样的一种人,就一定能百折不挠、顽强存活、健康成长。其次,在日常生活中,即便没有到生死关头,人们也有害怕、恐惧;这样一些的害怕、恐惧,往往与胆小、自卑、不能承受失败等等有关。在这样一些情况下,一个人就要把"安魂健魄"放在首位;"扶正"就是"安魂健魄"。最终能够"守住魂魄",就一定能重建自信、经得起挑战、不怕艰难困苦乃至失败,并能从失败中走出来,转败为胜,获取最后胜利。

## 2.6 管住自己

作为圆圈、所谓"轮回",就有"始"点,也有"终"点;而"终"点,似乎又"回到"了"起"(即"始")点。有"始",就是说,有"发生";有"终",就是说,有"复归";所谓"复归",就是又"回到""起"("始")点。

对于实际的人生来说,这是一个普通得不能再普通的常识。"人身难得",即便是人生的普通小事,每一件都很值得认真观察、细细品味、慢慢赏析。而现象学之能够被用来哲学地解读人们普通的日常生活的凡人小事、凡人小事的解读又可以成为一种哲学,的确适应了人们的普遍需要和广泛诉求。

与此同时,以往哲学的那些被概括与提升为复杂的哲学概念,例如"始基"(Arche);这类概念,因可以通过日常生活小事的解读,而被从学府讲堂拉回民间。说到"始"和"终",欧洲的哲学家认为,那就得有一个"此",既"始"于"此"又"终"于"此"的那个"此",在欧洲哲学里面为此制定了一个专门的概念,被称为"始基"。"始基",是古希腊哲学家的说法;到了现代的德国,M.海德格尔在哲学中发展出了一个德文的哲学词 Dasein(一般被译为中文词"此在"),可以在日常生活中来确定那个"此";这个哲学词很大程度上影响了我的德国老师 H.-G.伽达默尔,包括我下面要解读的他的代表作《美的现实性》。

我们不妨再换一个佛教的视角,佛说:"人身宝贵,人身难得,只有人身才能修持佛法。""今徒见举目世人,比肩相摩,而不知得之之难如是。既得人身,漠然空过,真可痛惜!"懂了这个道理,就要关注,要重视,更要积极践履。不"空具""人身"、"空过""人生",一个重要的内容,就是对自己经过的每一天、每一件事情,都要认真观察,细细品味,慢慢赏析。

至于"始基",也应该用大乘佛教的思想来解读。佛并没有说必须舍弃"轮回"才能成佛;佛只是说,你需要见到"轮回"即是空性,"轮回"因此而没有其真实存在的本质。所以,这样一种的"始基",也是"本来无一物";"本来无一物",就是"清净"。在大乘佛教看来,人的

"心灵"本来是"清净"的;我们的人生,就是要"始"于这样一种"清净"的"心灵",并且"终"于这样一种"清净"的"心灵"。我们人生之"始",是一种"婴儿"状态;而一个甲子之后,人的"再起动"、"重组",就是要像智者老子提倡的那样:"复归于婴儿"的状态。"婴儿"之"心",就是中国的人们称之为的"赤子之心"。人,长大了、老了,但是"心"不能变大、变老,需要不断"复归"、永远"保持"这样的一种"赤子之心"。"赤子"之时,柔软、处弱、不争;他的外形,一丝不挂,对所有人都无所掩盖、祖露无遗;他的内心,自然、真实,毫无杂念,并且连能组织杂念的词也一个都不会;他别无所求,只会本能地吃奶,生活之需少到不能再少("寡欲"而"素朴")。他极其柔(软)弱(小),却坚持"试错",不怕失败、在失败中成熟,并且夜以继日地坚持着、努力成长,生命力极其强健。

不过,一旦人长大了,词学会的越来越多,会用"词"组织的"思想"越来越复杂,私心杂念也就随之增多,物欲之类也越来越膨胀;这个时候,人就需要能管得住自己。中国的古人说:"知人则哲,能官人。"(《尚书·皋陶谟》)这句话里的"官"通"管",意思是说:"懂得人"就是"智慧",有"智慧"就能"管人"。在这个意义上来讲,"'哲'学",就是"'智慧'学"、"'管人'学"。那么,究竟什么是"管人"?应该怎样"管人"?"管人",一定得"管得住";"管"而不"住",等于"不管"甚至"放纵"。"管人",首先是"管自己",得"管得住"自己,"管好"自己。所谓"管得住",就是能够节制自己的种种欲望,比方说物欲、贪婪之类。"管"不住,就要出问题甚至出大灾难。"管理",是要有一套办法的,比方说:讲清底线,划出红线,制定规章制度,打造"笼子",等等。打造"笼子"的目的,就是要把种种欲望乃至一切已知、拥有都严格"管理"起来,统统"关在笼子里"。在古希腊神话里,物欲、贪婪等,本来是被"关在笼子里"(希腊神话说是"在盒子里")的,是不能打开的。可是,潘多拉因为好奇,不听嘱咐,偷偷把盒子打开了,于是诸害泛滥,给人类造成了许多灾难。这就是说,物欲、贪婪等,必须要牢牢管束,是不能放纵的;一旦管束不严,就会酿成大祸。因此,作为个人,首先要能"管得住"自己,对自己要有节制、约束,管好自己;作为群体,要有组织纪律,能够约束并能管住自己的成员。

不过可惜呀!现在这个世界上,能管得住自己的人太少,而喜欢去管别人、甚至专管别人闲事的人又太多。有些人,管自己又管不好,还要去管别人,管一家人;管一家人不够,还要去管一个群体的人;管一个群体不够,还要去管一个民族;管一个民族不够,还要去管其他民族、乃至全世界……人人都去管别人,而不首先管好自己,那个天下就会越管越乱;人人都首先管好自己,别人也就用不着你去管了,天下不管而治。现实生活中的人们,之所以犯下这样那样的错误乃至罪恶,其根本原因就在于:没能充分认识到、不懂得"管好自己"的重要。

只有那些能管得住自己的人,才有可能清除杂念乃至放弃一切已知、拥有,清心寡欲,保持"心灵"的"清净",才有可能不断"复归"、永远"保持"这样一种"赤子之心"。人生之道,首先是一条"自救之道";能够"管住"自己,才有可能"自救";才有可能做成最好的自己、最强的自己,你就会无怨无悔像牛那样"吃的是草,挤出的是奶",你的内心就会充满慈爱与悲悯,你就会无比强大,你会为救苍生而不惜赴汤蹈火。

管得住自己、律己严,并不是叫你拔高自己、不是叫你去攀高。过去,中国有一句话说:"人往高处走,水往低处流。"在这个意义上,这句话细想起来,其实是有问题的;因为,"上善若水",是说:"最优秀的人"应该像"水",而"水"恰恰是"往低处流"的。智者、优秀的人,应该像"水"那样,柔软,处弱,不争,随物赋形。事实上,往往不是"争"者、"胜"者为"王",而是"谦"者、"剩"者为"王";真正为"王"者,大多是在无常的变化之中、在残酷的竞争之中能够"坚持"、最终"存留"下来、能够"持续发展"的。这个思想,中国的《道德经》讲得很透彻。而且,佛教也讲,佛教特别强调了不拣择、不执着。例如,释迦牟尼佛有这样的四句话:一是无论你遇见谁,他都是你生命中该出现的人。二是无论发生什么事,那都是唯一会发生的事(一切都是最好的安排)。三是不管事情开始于哪个时刻,都是对的时刻(所以,佛经里只讲"时"、"当下",而不讲"何时")。四是已经结束的,就让它结束吧(放下过去,关注当下正在发生的事)。

当然,柔软、处弱、不争,也不是让你对自己降低要求、设低门槛,也不是提倡安于现状,不求进取。人一定要知道,你和别人没有什么两样,既不高人一等、也不比他们短缺什么;对于需要你从事的事业,你有一样的尊严、自信、权利、机遇、能力、价值,乃至一切的一切。你也同样需要突破自己、超越自己。否则,就会限制自己成长的可能性;这是在浪费生命,甚至,虽生犹死。

柔软、处弱、不争,不是不进,不进则退。而要"进",就不可能百分之百成功,就可能会有挫折、失败。我在慢慢老去,时间、精力等等都不如年轻的时候;但有一个老人在示范我们:老人,也要不怕挫折,也要能败得起。这个老人,他叫褚时健。他为云烟创造过辉煌,却被投入了监狱;自己坐牢不算,女儿也在监狱里自杀了;但他没有趴下,从监狱里出来,已经70多岁了,毅然上山种果树。当时上山,也想到过挫折、失败,再加上年纪又这么大了,而且五年之后才有可能看到成果,说不好成果还没有得到人已不在世间了;然而,这些对于他,都已经不重要、无所谓了,生死关都已经过过了,早已置之度外。他终于又成功了! 他的经历、遭遇、作为,给了我重要的启示:做事业,不在年轻、年老,只要像褚时健那样能够忍辱负重,吃苦受难,经受再大的苦难也不怨天尤人,经得起挫折与失败,大难而不死,愈挫愈勇,就有可能成就事业!

事实上,年纪越大,经历过的事情越多,经历的磨难、危机越多,就越少害怕;不怕邪、不怕死的人,就离自己生来就有的"清净"、"美好"的"心灵"反而越近;就会更清楚地看到自己身上还没有充分发掘的潜力,还可以作出更大的努力。因此,老者,往往益壮,能把自己的事业做得更好! 这是一种"若退"的"进道"。对于这样一种的"若退"的"进道",我想用这样的一段话来描述:"人身难得",要懂得"珍惜";我们现有的一切,都来之不易;不要去管别人怎么看、怎么想、怎么讲、怎么做,坚持管住我们自己、做好我们自己,且行且珍惜。甚至,我们不但要做好自己;而且,我们要做最好的自己、做最强的自己。

或者说,离自己生来就有的"清净"的"心灵"越近,我们对自己就越"诚实";对自己诚实,就有可能养成诚实的习惯;欺骗自己,则会养成欺骗的习惯,自欺而欺人。以此类推,对自己珍惜,就有可能养成珍惜的习惯;对自己尊重,就有可能养成尊重的习惯;对自己信任,就有可能养成信任的习惯;进而,就会珍惜、尊重、信任他人。

年纪大了,或许有了一些成就,要知道来之不易,要懂得珍惜;但不能借此自重、有恃无恐。事实上,即便是你已称帝称王或者成佛成祖,想为你设置障碍乃至施加谋害者,依然故我甚至变本加厉,"高处不胜寒"!慧能之成为中国禅宗六祖后遭遇追杀、甚至他死后也不放过,便是典型一例。一个人,不管遇到多大的磨难、困境、危险,任何时候都能无所畏惧、毫不动摇、勇往直前。当然,一方面,既要懂得珍惜,懂得保护自己;另一方面,又不能安于现状,不思进取,不可作茧自缚。"人身难得",就体现在这诸多方面。珍惜并过好每一天,放下得失,本性清净,随缘自在,一切随缘,相机行事,才能不失时机地提升自己,努力把事业做得更好。

下面,再简单回顾一下我的哲学的学术路径,可以说是曲折前行,曲径通幽。

### 2.7 曲径通幽之一——从"三大批判"到《美的现实性》

1986 年,去德国,本来我是要进一步研究 I.康德批判哲学的,又是一种什么样的"机缘",让我转向了 H.-G.伽达默尔的解经哲学了呢?这种转变中,充满了意外。然而,正是因为发生了"意外",才有了新"机";正是转向 H.-G.伽达默尔,使我能够在他的身边翻译、解读《美的现实性》。

20 世纪 80 年代,在我出国之前,国内学界正在讨论"要康德还是要黑格尔"等问题;带有意识形态倾向的主客体及其关系问题,依然是国内哲学界瞩目的主题。当时,在哲学上,因黑格尔离马克思较近,而成为马克思之外被首选的欧洲哲学家;康德,尽管是德国古典哲学之父,却仍受冷落。不过,李泽厚先生已经动手写康德了,1979 年,我们俩代表美学组去济南开全国社科会议的途中,他把他的样书《批判哲学的批判》送给了我,我随即动了写写康德的念头。贺麟先生也鼓励我去研究康德;我就是在他的鼓励下,选择了康德,被调入了西方哲学史研究室工作的。当时,我递交的长篇论文,意在吸收欧洲当代哲学的研究成果而换一个角度(不同于认识论地)去看康德;没有想到,竟引起了人们的注意。

　　之所以如此,原因之一,是因为人们太习惯于把哲学看作就是认识论了,而且这样一种习惯是未经证明的,对于一些人来说,就像公理那样不用证明乃至不证自明的。其实呢,哲学上需要做的事情,恰恰相反,应该是在常人不疑处设疑,在常人不问处下问。这种想法,我产生并形成于 20 世纪 80 年代我国的美学讨论。当时,主要的参与者如同 50 年代那样,大多以为马克思美学思想的哲学基础是认识论(反映论、实践论)。而当我阅读了几乎全部的中译本马克思《经济学哲学手稿》(主要概念、段落等对照了德文)之后,我肯定地认为:马克思美学思想的哲学基础主要不是认识论,而是唯物史观。这是我在职业地从事 I. 康德研究工作之前,就已经具有的一种超越认识论的哲学眼光与视野。

　　贺麟老先生的提携,使我得以职业地从事 I. 康德哲学研究,我比较系统地研读了 I. 康德的“三大批判”,发表了相关的论文;再加上王玖兴先生的着力推荐和他与德国方面积极联系等诸多因素,使我最终成功获得了联邦德国洪堡基金会的科研基金。当然,这也有一点“意外”,我有一个“硬件”不符合条件:申请洪堡基金时,我已过了 40 岁。按照原有的申请条件,是不能超过 40 岁的。幸运的是,我并没有因为“超龄”而被淘汰。

　　1986 年,我在德国洪堡基金会的资助下来到了当时的西德。那里,早已经历了新康德主义、现象学乃至解经哲学等等哲学新潮的洗礼,主客体及其关系问题早就不是欧洲哲学界的主题。而且,即便是现象学等第一次、第二次世界大战之后产生的哲学,也似有了"过时"之嫌;几十年没有了什么新的建树,欧洲的哲学界也早就有了"理论疲软"之感。这些,让我着实有了一种"国内方数日,世上已千年"的感慨!

我先是在德国的美因兹大学的 G.冯克教授处,根据他的建议,读 E.胡塞尔的现象学(Phaenomenologie),主要是两本书:《逻辑研究》,《欧洲科学危机和先验现象学》。这不是我们事先所设计的。本来,我申请联邦德国洪堡科研基金的项目是研究康德的;但是,1986 年 10月,当我到 G.冯克教授那里报到时,在我们俩的谈话过程中,他突然建议我:"康德研究可以告一段落了,和我一起研究胡塞尔吧!"这是一件完全没有预兆的打破预先设计的事情!

这是我从研究康德转向 H.-G.伽达默尔过程中的第一个"意外"。所以,回国后,在复旦大学的一次讲座中,我曾经说:在德文里面,"意识"是一种"已知的存在";E.胡塞尔"意识哲学",是研究那些"已知的"东西的,应该是"意料之中"的;而我对 E.胡塞尔"意识哲学"研究的开始,竟是一件完全"意外"的事情!而且,这样一个"意外的发生",不久又导致了另外一个"意外"的发生,还为我后来"出乎意料"地转到 H.-G.伽达默尔那里读解经哲学做了一个极为必要的现象学哲学的铺垫。这使我认识到:世事的实际走向,人生事件的"实际发生",往往不期而至,会打破事先的设计,出现一些完全出乎意料的变化;人的存在,是一种不断地出乎意料的"'变异'中的存在",拿中国话来说,就是一种"'无常'中的存在"。我的由此而发生着的人生和哲学历程,也就呈现了一条"变异"的路径,是一种超越逻辑、超越理性与超越人为设计、超越人为掌控乃至超越现实的路径。

第二个"意外",就是我在德国斯图加特(Stuttgart)火车站上意外遭遇到 H.-G.伽达默尔,正是因为这次的突然"遭遇",使我突然"看"而得"见"日常生活中的 H.-G.伽达默尔,并深切感受到这一点的重要。对于我来讲,这是我在哲学上的一个重大的根本性的转变。而且,在从斯图加特到海德堡(Heidelberg)的火车上,我们进行了近一个小时的对话;正是因为这次对话,我荣幸地被邀请,1987年11月,我正式转到海德堡(Heidelberg)大学的 H.-G.伽达默尔教授处,研读他的从现象学发展而成的 Die Philosophische Hermeneutik,通常中文译为解释学、诠释学、释义学等;我因为它的发源、还有与宗教经典解读的关系密切,而常常称之为"解经哲学"。

在德国从斯图加特开往海德堡的火车上,H.-G.伽达默尔告诉我,他的重要著作,除了《真理和方法》之外,就是《美的现实性——作为游戏、象征和节庆的艺术》了。后来,我买来看了看,估计译成中文也不过就是4万、5万字,完全可以在他身边的学习期间翻译完;于是,我就动手翻译这部《美的现实性》。译成后,我给他看,他满脸喜悦,脱口就说:真是不可思议(phantastisch)!他还专门为我的这个译本写了一个"序"。《美的现实性》和这个"序"的中译本,曾先后分两期,1989年、1992年分别发表在商务印书馆出版的《外国美学》杂志上。

还有一件事值得一提的,就是在 H.-G.伽达默尔身边学习一年之后,我写了一个小结,德文打印共22页。他看了,每页都有批注,批语大多是"好"、"很好"或加上一些注释;没有批评。另外,他还附了一封赞扬、鼓励的亲笔信。

2.8 曲径通幽之二——再从解经哲学到大乘佛法

"曲径通幽处,禅房花木深。"唐朝常建《题破山寺后禅院》诗中的这两句,竟形象地描述了我的哲学路径的曲折前行以及目前所到的最深之处。

学了解经哲学,就要解经;解读本民族的宗教典籍,是学习解经哲学的一门必修的功课。正如前面所说,我首先是应用从 H.-G.伽达默尔那里学得的解经哲学,来解读我们中国本民族的宗教经典。作为我们民族的宗教经典,严格意义上,在佛教里,只有禅宗六祖慧能的《坛经》可以算得上是"经",是真正的中国人"讲"出来的"经";我读的《金刚经》,在中国影响极大,但是翻译本,原作者、译者都不是中国人,不是中国原创。而道教,把老子的《道德经》作为经典;《道德经》虽是中国原创,不过《道德经》本不是宗教著作。因此,我选择了《坛经》。

2009 年,出版了我的《读法和活法——〈坛经〉的哲学解读》。所谓"解读",是中国和德国的两种语言与两种哲学的"对话",是解经哲学和大乘佛法的"对话"。这样的一种"对话"的产生,当然有我本人的学术发展的需要在;然而,每天都发生在我们身边的身同感受的当代社会问题,以及它们的亟须解决,这样一个的大背景的影响更加强烈,更使我为之震撼。

如果说,现象学与解释哲学针对的社会问题,是由科学技术发展的偏颇和失控造成的;那么,当高新科技由工业化而信息化,更加凶猛地涌入经济、政治、社会乃至军事等各个领域之后,21 世纪所需解决的问题就复杂得多也艰难得多了。以至于在这个新的世纪,如此的"反传统"甚至出现了诸多咄咄怪事:"仓廪实"而不"知礼节";"衣食足"而不"知荣辱"。物质丰富,而精神空虚、道德败坏。现在的世界,带头做坏事乃至到处杀人放火的,往往是那些"发达者"。科学技术,在给人类带来先进的工具与富裕的财富的同时,也为人类造成了更加疯狂的掠夺、更加残酷的争斗乃至更加血腥的战争,以致在人与人之间更加缺乏起码的尊重和友爱,更不要说自由、平等、正义与和平了。

许多的中国人,忙于学习欧美,记住了许多的欧美人士、特别是那些大发其财的甚至成为世界首富的人,例如"股神"W.巴菲特(Warren Edward Buffett)、比尔·盖茨(Bill Gates)等,却偏偏忘记了一个英国人,忘记了那个英国历史学家 A.汤因比(Arnold Joseph Toynbee)!

A.汤因比是一个深刻思考并努力寻求解决世界 21 世纪社会问题的人。针对诸如此类的愈来愈严重的世纪性问题,A.汤因比在 1973 年就作出预言:解决 21 世纪的社会问题,唯有中国孔孟学说跟大乘佛法。在中国国民纷纷移民国外、并且公然声称以中国人为耻的今天,A.汤因比还有一段话也值得那些羡慕欧美的中国人深思。当 A.汤因比被问到:"如果再生为人,博士愿意生在哪个国家,做什么工作?"他毫不迟疑地回答:"我愿意生在中国。"他还预言:今后中国是融合全人类的重要核心。

学习 A.汤因比,使我更加深入地认识到,对中国的大乘佛教的研习有助于 21 世纪社会问题的解决。在我解读《坛经》(见《读法和活法》)以及《碧岩录》中的许多公案(见《郑涌读〈碧岩录〉》)的过程中,为我面对日常生活、哲学地思考日常生存中的诸多"入世的事业",又注入了一种"出世的精神"。作为"精神哲学"的现象学、解释哲学,有佛教"出世精神"的加盟,在"精神"的层面上自然会有极大的提升,乃至"触及灵魂"进入了"神圣之维"。正是这些方面,让我得以把佛教思想与现象学、解经哲学有机地结合起来。2004 年之后,在我的讲演和书写的文章、书籍之中,就明显地体现了这样一种现代德国哲学与中国大乘佛教思想的视角的交错和视域的融合。

上面所讲,是围绕我翻译、解读《美的现实性》这部经典所进行的一种"回顾"、"重新审视",涉及与 H.-G.伽达默尔的交往,以及相关的他所阐发的柏拉图的"回忆"的哲学路径,也"重新审视"了中国佛教的"回头"以及相关的英国历史学家 A.汤因比提出的"回到"中国传统思想文化的孔孟学说与大乘佛教的思想路径。之所以对这些"路径"作"回顾"、"重新审视",是为了走好脚下的路。

### 3. 21 世纪的路怎么走

哲学,都是面对和回答当时的社会问题的。现在的哲学,首先就要面对和回答当下 21 世纪的社会问题,并从中找到出路。解读《美的现实性》这样一部世界哲学名著,尤其不能例外。下面,我将就这样的一些问题,做进一步的探究与阐发。

#### 3.1 科学技术与被它遗忘了的实际生活

现象学和解经哲学,在 20 世纪,都是因回答、解决当时欧洲社会的问题与危机而产生的。欧洲的科学乃至整个社会的问题与危机之所以出现,其中原因之一,从思想和哲学的层面上来讲,就是人们对自然科学以及由此而来的思维定式过于信赖、过于执着,以为有了它们,就既完全可以按照人们的意愿去改造大自然,又能够全面掌控人类社会。然而,如果一定要把自然科学看作是人类的一种伟大创举;那么,像所有"伟大"的东西一样,它们都是"双刃剑"、有两面性,它们的建设性强、而破坏性也烈。我们不能只要它们的建设性,而不要它们的破坏性;不能只看到它们的建设性,而看不到或低估其破坏性。因科学技术的发展而已构成的那种巨大的甚至是毁灭性的破坏力量,却并没有得到人们的足够重视;这种力量的破坏突然间竟变成了事实,又使人们不得不猛然惊醒:科学技术的进步,一旦变成破坏的力量,对于科学技术的发明创造者及其社会的打击竟是毁灭性的;自然界与人世间的许多事情,是人们尚未认识的而且是他们根本无法预料与掌控的,即便是有了先进的科学技术。这样一些的"实际发生",远远超出了人们的思维、预料、设计与想象;从而,也把哲学家们的视线引往科学技术乃至相关的"思想"、"预设"、"想象"之外,转向了人们现实生活中"实际发生",或者转向了科学技术之外的"艺术"。H.-G.伽达默尔的代表作《美的现实性》中的哲学深思,也都是发端于这样一个欧洲人的现实生活的大背景下的。

事实上,人们的世俗生活、现实生活是"'无'常"的,无论是在科技先进生活富裕的发达国家,还是在贫穷落后的发展中国家,人们都不得不去面对现实生活的命途多舛乃至命运的恶意作弄。人们常常生活在一种突如其来的灾难之中,对于许多人来讲,这种灾难是毁灭性的。有些灾难,尽管是人们不想遭遇甚至是竭尽全力去躲避的,却往往又是他们自己有意无意地造成着的,是自己酿的苦酒自己喝。人们不得不一次又一次地跌落人生的谷底。灾难、逆境的折磨与痛苦,使人们得以清醒,看清自己与现实,并坚强自己的意志,从而又一次一次地重建生活的基础,周而复始地重新开始、重新踏上征途。在这个意义上,人们就像日本电影《沙器》中那个小男孩一样,他在海滩上聚沙成塔,突然一股海潮冲过来使之顷刻坍塌毁灭,他再如法炮制、重新来过。

在我们的实际生活中,导致灾难的,除了自然界的人们所不可抗拒的因素之外,更多的是人们自己造成的。远的,我们就不去说了。近期发生的,例如,俄罗斯和乌克兰之间,曾经是生死与共、并肩作战的战友、一家人,现在剑拔弩张,竟如此反目成仇。再如美日之间,当年美国在日本国土上扔原子弹,现在美国供日本核材料、先进武器。至于个人之间,夫妻反目、兄弟相残者比比皆是! 这究竟是些什么原因造成的? 原因尽管很多,但有一条却是根本性的,那就是欲壑难填,是那种因科学技术的发达而更加膨胀的人的贪欲。孔子说:"富与贵,人之所欲也"。富,有钱;贵,有权,可以使人更有钱;富、贵,被看作是人们的普遍的金钱欲、权力欲。现实生活中的人们,往往又不能自觉地限制物欲、甚至反而因追求富贵而贪婪成性,使得人间争斗不断、横祸陡增、你死我活、苦不堪言。

在这样一些的"实际发生"的影响下,科学家、艺术家、经济学家、社会学家、思想家、哲学家们纷纷进行着再探索、再思考。这样一种对社会问题、危机的解决路径的探索与研究,在哲学上又被名之曰"'真理'的追求"(这从 H.-G.伽达默尔的另一本代表作的书名《真理和方法》即可看出)。当然,对于这种问题,除了思想家、哲学家,其他人文社会科学家们也都在探讨。由于我一开始研究哲学,是从马克思着手的,受他的影响,我常常把哲学的研究与经济学、社会学密切结合在一起;从研究马克思美学思想的哲学基础开始,我一直比较注意经济学研究领域中理论成果的哲学意义。在德国期间,除了哲学,我还接触到的,如欧洲的社会学家 M.韦伯(Max Weber)、历史学家 A.汤因比、经济学家 J.凯恩斯(John Maynard Keynes)、F.v.哈耶克(Friedrich August von Hayek)等人的理论成果;这些成果厚积薄发,异彩纷呈,不拘一格。以上这些经济学家、社会学家所提出的,在社会、人文等领域里,不再效仿自然科学、不再只关注"'自然'的事实";而是用"人文"的、"'社会'的事实"区别于"'自然'的事实"、以实际"行为"区别于"思想"、"语言文字",来重新设置社会科学、人文科学的研究对象,乃至他们运用当代人类学的理论成果等等,都引起了我的高度重视,使我获益匪浅。1994年,香港中华书局曾出版的我的专著《韦伯》,是我对他们的研究成果之一。

20世纪的一些经济学家,突出强调了"实际发生"、"实际行动"与"未经设计",他们这样说:"经济学和生物学所揭示的令人惊奇的事实所包含的意义,即在未经设计的情况下生成秩序,能够大大超越人们自觉追求的设计";强调了"秩序"生成于"未经设计",这种"未经设计""能够大大超越人们自觉追求的设计"。与此同时,批评了"道德"方面的"理性主义",限制了"理性"对于人的"行为"的指导意义:"道德准则,并非我们理性的结果。"并进而突出了"习惯"、"传统"对于人类提升"智慧"和进步、文明的作用:"人能变得聪明,是因为存在着可供他学习的传统;但这种传统并不是源于对观察到的事实进行理性解释的能力,而是源于作出反应的习惯。"这些说法,在哲学上超越了预先设计、人为掌控层面以及观察、理性的层次。

尽管如此,用"出世的精神"来观照,这些科学家都还是非常现实的世俗的。无论是研究自然科学的,还是人文社会科学的,他们都试图发明一种思想观念、提出一种理论;然而,这样一些的思想理论,都还停留于"世俗的智慧",都旨在探索建立一种尘世间可实现的实际目标。而且,他们本人都带有比较强烈的世俗功利目的,执着并处心积虑地维护他们各自的思想观念与理论,把它们看作是唯一正确的。为了证明他们自己的正确,甚至不惜挑动论战,为辩明你错我对而搞得你死我活,例如 F.v.哈耶克曾经向 J.凯恩斯发动的那样。这些学者、科学家大概都犯有这样的一种职业病:似乎只有他自己的思想理论才是正确的甚至是唯一正确的!他们固执己见,而对别人的理论缺乏应有的尊重、包容;他们都试图让别人听自己的、相信自己的,甚至是只听和只相信自己的。

3.2 "入世的事业"与"出世的精神"

总体上来讲,他们的所作所为、聪明才智与思想观念理论都还停留在现实的俗世的层面;试图冲出现实世俗层面、并且指出了一条道路的,似乎只有英国的著名历史学家 A.汤因比。1973 年,他明确而又坚定地指出:"解决 21 世纪的社会问题,唯有中国孔孟学说跟大乘佛法"。A.汤因比在欧洲的与众不同之处,在于:他不只是相信自己,甚至不只是相信自己的民族;而是在自己民族落后的情况下,能够把希望寄托在别人、别的民族身上!他甚至试图借助于宗教来解决人类社会的现实问题,这就具有了某种程度的"出世的精神",具有一种"超越现实"的眼光和境界。当然,在这一方面,推崇中国佛教的不光有人文学者、历史学家、社会学家,还有许多的自然科学家。例如 A.爱因斯坦,就佛教以及佛教与科学的关系,他讲过许多肯定的话,其中有一段是这样说的:"如果世界上有一个宗教不但不与科学相违,而且每一次的科学新发现都能够验证他的观点,这就是佛教。"

就这两个人而言,他们把宗教置于最崇高的地位,成为人类的命运、人类的前途之所系。因此,在了解他们的物理学、历史理论的时候,我们一定要深刻洞察它们背后的宗教元素。而对于 H.-G.伽达默尔的解经哲学来说,其主导思想的神学意蕴的揭示与解读,无疑也占有着十分重要的地位;当然,这也包括在他的著作《美的现实性》之中。这一点,非常重要,成为我这次重读《美的现实性》的基本点;并借此,把哲学的探究提升进入"神圣之维"。

A.汤因比把解决 21 世纪社会问题的希望寄予中国佛教,也就是说,他把希望寄托于科学的、经济的、历史的、社会的诸种理论之外。佛教,如同其他宗教,是在俗世之外、在人们的现实生活之外,谋求建立另外一个"天国(西方极乐世界)";在人们的"世间智慧"之外,提倡一种"出世智慧(般若)"。按照这样一种的理解,解决 21 世纪人类社会的问题,就得除种种人类的"入世智慧"以外,还需要具备一种超越人们所处现实生活的"出世的精神"、"出世的智慧"。

佛教所提倡的,最根本的就是"'出'世间";对于处理"世间"的事务,也得要具备"出世的精神",用"出世的精神"来做"入世的事情"。

如何理解"'出'世间"？弘一法师是这样说的：如果"以为世间就是我们住的那个世界，出世间就是到另外什么地方去，这是错了"[12]。佛陀成佛之后，依然在我们所住的这个世界上救度众生。另外，"世间"，也可以说"就是因果"；"'出'世间"的一个重要标志，就是能放弃自己世间的思想念头当然也包括放弃上面我提到的那些学者科学家的那些思想"念头"，不固执己见，不被这些"念头"所纠缠、束缚，不非要别人"听我的"；也不要怕世间的困难、烦恼，更不能被它们吓垮、吓死。在这里，我讲一个相关的故事：

当佛陀听到优婆夷讲述因为她的孩子不听她的话而生气、苦恼的时候，佛陀要她放弃"我的孩子应该听我这个念头"，并且最后总结说了这样一段话："优婆夷，所谓世间就是因果，相信你的念头是因，所产生的情绪与反应是果，身心烦恼即是世间。优婆夷，不相信你的念头，就是出世间；不被自己的念头所编织的故事套住，你即是出世间的人。"

中国禅宗五祖弘忍也说过："世人生死事大，汝等终日只求福田，不求出离生死苦海。自性若迷，福何可求？"[13]"出离生死苦海"，就是"出世间"。

"不被自己的念头所编织的故事套住"、懂得"生死事大"而不执着"求福田"、反对执着于世俗的物质财富，佛教的基本精神就在于此！而世人们的迷误，就在于这样一种的"固执己见"、"作茧自缚"。对真理的追求，就不能"固执己见"、"作茧自缚"！热爱、追求真理，这个哲学的永恒主题，就需要不断地打破框框，破"执"，出"茧"；从科学、艺术，拓展到宗教特别是佛教的领域，也可以说是一种打破框框，破"执"，出"茧"。事实也已经证明，真理的追求、热爱，仅在科学领域里面，是不能穷尽的；即使拓展到历史的、艺术的领域，也还不能穷尽；一定要再进入宗教特别是佛教的领地。

就这样，自从研习《美的现实性》以来，我不断地探索着，构建着思想与哲学探索的平台，把我所遭遇的现实问题、思想与哲学问题，都放在了这样的一个平台上，进行对话、沟通，寻求解决的路径。

不过，即便是这样一种的哲学思想平台的建构，事实上也并不是取决于自己的预料、事先计划与如是掌控的，而常常要被其过程中的"实际发生"所打乱。当我从哲学的角度进入了佛教及其经典的研究，试图进一步巩固这个平台的时候，最终我竟发现：事实上，我在构建、加固这个平台的同时，又是在拆毁这个平台。确切地说，在构建、加固的过程中，却完全意想不到地在实施着拆毁。"构建"和"拆毁"，一剑双刃，同时同在。

### 3.3　行动和责任

在我读《坛经》、《金刚经》、《心经》的时候，我发现它们提供了一条不同于欧洲哲学的思路：亦"远"亦"近"。所谓"远"，它是"出世"的，似乎离"尘世"极远，提倡"出世精神"、"出世智慧"，"真的世界"又"远"在人们的现实生活之外，那就需要学会超越自己的实际生活去看待"世界"。所谓"近"，是"近取诸身"，强调在每一个人的亲力亲为、身体力行中获取人生的真谛与终极真理。这种思路，可以归纳为：从"近处"（小处）着手，从"远处"（大处）着眼。如果，从"近处"着手；那么，"做"就很重要，"做"能更直接地遭遇真理、触摸真理、体悟真理（当然，我对此有深刻的认识，与我走出哲学所深入到现实的实际生活中去有很大的关系），因此"做"比"思"、"说"重要。再如，《坛经》中的中国禅宗六祖慧能，是一个不识字的人，也不被允许进佛堂听经；他主要是在上山打柴、舂米劈柴等体力劳动中乃至被他人的追杀等等生存危机中，遭遇、触摸、体悟真理的。佛陀的许多弟子，如在《金刚经》里所描述的须菩提，也是在跟随佛陀一起乞食等活动中体悟真谛的。

近取诸身，从日常的实际生活乃至体力劳动中遭遇、触摸、体悟终极真理与人生真谛，在哲学上，就和人们惯用的"认识论"、"意识论"与理性主义区别了开来。"认识论"，是建立在"认识的可能性"基础上的；"意识论"，是建立在"已知的存在"（Bewusst-sein）的基础上的；理性主义，强调人的认识与行为的可设计、可控、可驾驭性。而"未知"、

"无法认识"则常以"信仰"为依据,并且是非人为、人不可设计、不可控、不可驾驭的,由此可以建立一种不同的"真理观"与"存在论"。

### 3.3.1 行动的哲学

至于把哲学的关注重点从"看"、"思"、"说"转移到"做"即人们生命的实际的乃至肉体的"作为"和"行动"上来,那么哲学的侧重点就是"做",而不是"看"、"想"、"说";是生命的真实的乃至肉体的"行动",而不是"看"、"思想",不是"认识",也不是"语言文字"的问题。"看",是旁观;"思"、"说",是"坐而论道";而"做",则是"身体力行"。作为"行为哲学",最根本的就是"行动"、"身体力行";当然,重要的还有,"行动"要与"心动"相结合,由此而形成的"心路历程"。因此,从哲学的原有层面上来看,以往的"思想理论"、"认识论"和"语言哲学"、"文字学",都不够用了,甚至不适用了。需要有一个"'行动'的哲学"和"'心动'的哲学",亦即我发表文章讲过的"谈心哲学"。

自现象学以来,依托"行为心理学"的理论成果,在这一方面进行过哲学的总结,但又基本上局限于"心理行为"、"语言行为"与"精神科学"的领域。我走出哲学所之后,在下海经商的实践中,根据经济活动等方面的实践经验与体会,在 2004 年出版了《道,行之而成》一书,从H.-G.伽达默尔的哲学往前走了一步,就"行为哲学"提出了初步的框架;这种哲学,是超越以往的"认识论"的,是超越以往的"伦理学"的,是超越以往的"价值观"的,特别是超越以往的"精神现象学"的。前些日子,2016 年初,我又发表了《谈"心"哲学》,从 H.-G.伽达默尔的"对'话'"的、"谈'话'"的"语言"层面的"哲学",转向了"谈'心'"的"心灵"的、"灵魂"的层面。

所谓"行为哲学",这是一种主要根据人们的日常生活乃至体力劳动而产生的哲学思路。按照这种思路,就会带有一些新的看待和回答这样的一些问题的角度与视野:正确的思想观念是什么?这些正确的思想观念,又是怎样产生的?人的思想观念是从哪里来的?是从天上掉下来的吗?是前人遗传的吗?是可以从别处移植的吗?还是人脑中固有的、自生的？是与脑还是与心相关？面对诸如此类的问题，我们就会看出：思想观念的产生，并非人为事先设计、亦非先从人的头脑中产生，而是在人的实际生活的亲力亲为、身体力行中，并且经过"心灵"的碰撞、互动，是可遇而不可求的，不期而至的。

所谓"谈'心'哲学"，则又从"艺术"与"情感"转向"宗教"与"灵魂"的层面，从"入世"转向"出世"，进入"神圣之维"，把这两个层面明确地区别开来，再做出视角、视野的交集与融合。

### 3.3.2　敢于担当

因此，当实际生活中有了困难、问题甚至危机的时候，首先要采用的是实际行动、亲力亲为。我们就不会只是去"看"去"想"去"说"，动口不动手，形成事实上的逃避；而是积极采取实际行动，勇于直接面对，顽强坚持。事实上，有了问题与危机，逃是逃不掉的，即便你移民到了美国，中国的问题、危机依然存在。其次，我们不光要能够面对，还得身体力行、脚踏实地地一件事一件事地认真去"做"；不去"做"，光是"看"做一个"旁观者"、靠关起门来"想"，是不行的；或者耍嘴皮子去"说"，就是你搞再多的"百家讲坛"乃至"万家讲坛"，也无济于事。

说到"做"，作为社会的一员，就要勇于担当、敢于担当，必须承担他应尽的责任，"做"他该"做"的工作。勇于、敢于担当，承担自己应有的责任，"勇敢"两个字最重要；勇敢，包括"坚持"，"不怕失败"。因为，刚开始的时候，对手相对强大、问题相对严重，自己比较弱小，失败是家常便饭。人，总是从小到大、从弱到强的；在这个过程中，失败总是难免的；关键不在于有没有失败，而在于：失败之后，还能不能再爬起来？能不能继续再战，能否坚持到最后？即便，最后失败了，也虽败犹荣！这样一种的"败得起"、"虽败犹荣"，是一种很崇高的精神境界，已经超越了"世俗"的层面。

### 3.3.3　还得能够担当

这就已经涉及：光敢于担当是远远不够的，还得有相应的素质和能力、能够担当。70年间，在我碰到的人里面，敢于担当者多，能够担当者少。社会工作有三百六十行，能否做好本职工作，除了勇敢之外，不怕吃苦受难、不怕失败，还得具备相应的素质与能力。

所谓"能够担当"，身处困难、险境，要能不动摇、坚持、忍耐，百折而不挠，这是很重要的。忍耐，也是一种能力、本事；我们常常把有本事的人称为"有能耐"。不过，光是能忍耐、能委曲求全，是不够的；因为，委曲，往往不能求全；即便你忍耐了、委曲了，困难、险境还存在，它们不会因此自动离你而去。身处困难、险境，还得有能力、想办法及时排除困难、走出险境。

做不同的工作，得具备不同的素质与能力。例如，当帝王，得有相应的统治天下、管理群臣的能力乃至领袖的魅力；当花匠，得有培植、护理花木的本事。如果，你有当花匠的能力，就去当一流的花匠；你没有当帝王的能力，决不要去当蹩脚的帝王，连二三流的帝王也不要去当，即便是有人送上门也不要去当。俗话说：没有金刚钻，别揽瓷器活。你勉强去当，是当不好的，被别人一脚踢下台不算，甚至还会误国误民、害人害己的。

做事情的难度，是和事情的大小成正比的。你想做的事情越大、越重要，你要面对的困难就越大、解决的问题就越严重；因此，你需要具备的克服困难、解决问题的能力就要越强大。大事，只有强者才有可能做成。

做事难，做好事更难。不要以为自己是在做好事，别人都得支持、一路为你开绿灯，前进的道路畅通无阻！事实上，事情越好，难度越大，败坏的人就越多；难免会有人给你设障碍、出难题，甚至造谣诽谤，加以谋害，以至置你于死地。做好事，往往不得好报；做好事，就不为求报。有了这样一种的精神与思想准备，再去做好事。

做事、做好事，就得具备做成事、做成好事的素质与能力；具有了这样相应的素质与能力，并能身体力行坚持去做，才算是能够担当。因此，在具备了足够的勇气之后，还得掂量掂量自己的能力，考虑一下有多大做成的把握。当然，能力也还需要在实践中磨炼、逐步提高；但是，基本的评估是不可缺少的;而高估,则是非常有害的。

其中"德"很重要,"德不配位,必有灾殃"[14]。品德、生命力量、担当能力等等都得和你所得的社会地位、职务、待遇相当;否则,将给你本人与社会带来伤害乃至灾难。"行动",得有"精神"的乃至"灵魂"的基础。"德",须从世俗的提升为"出世"的、"灵魂"的。

### 3.3.4  "天职"

无论是犹太教、欧洲的新教还是印度的宗教、中国的佛教,有一个共同点,都是主张把每一个人承担的社会工作当成"天职",都得把这工作看成是一种神圣"使命",并尽心竭力去做好,不管这种工作是按照种性来分配的、还是个人根据自己不同的爱好与能力来挑选的。例如,犹太民族的《塔木德》、现代德国的 M.韦伯的《新教伦理与资本主义精神》、古印度的毗耶娑(Vyāsa,约公元前 4 世纪)的《薄伽梵歌》、佛陀的《金刚经》和中国禅宗六祖慧能(636—713,唐朝人)的《坛经》里面,都以不同的方式、不同的程度强调了这一点。

这里,我就以《薄伽梵歌》为例。这本着作以古印度婆罗多族的两支后裔俱卢族和般度族为争夺王位继承权而进行的战争为背景,在两军对垒的时候,阿周那不忍心与同族兄弟自相残杀,宁愿束手待毙也不愿意投身战斗。这个时候,作为神的黑天就劝导他,他们俩的这个对话就构成了《薄伽梵歌》。劝导阿周那的基本点就是:按照当时古印度的种姓制度,刹帝力是掌管王权和军事的;因此,作为刹帝力种性的阿周那,投身战争、维护王权,是他应尽的社会职责。作为社会的一员,履行自己的职责并为此付诸行动,是第一位的,是天经地义的;至于行动的时候,他是否杀了人或者失败了,那都是次要的、第二位的。

### 3.3.5  打破世俗的伦理与价值观

这样一来,为履行自己的职责并为此付诸的行动,就会既冲破以往的伦理道德观,例如:同族兄弟之间自相残杀,就冲破了一个社会最基本的道德伦理。与此同时,又摧毁了传统的价值观,例如成败、利害、输赢之类。从这个意义上来讲,人的行为是开放的、自由的、不设疆界的。

不得已而设疆界,也是为了人们更好地有所作为,而不是作为人的行动的束缚、桎梏。人类的责任行动、被奉为"天职"的行为,常常是不顾当时的社会伦理观、价值观的,竟是非伦理的、价值中立的。

依照人们的行动,往往需要我们打破传统的伦理观、价值观,甚至不能从伦理、价值方面着眼,而是关注这种行动所能发挥的实际的、现实的乃至历史的作用。因此,我们不能也不应过于关注行动者的是否追求功利、用心是善是恶。因为,人类的历史进程,人类发展至今的繁衍生息,并不是按照人们的主观意图或事先设计形成的;按照良好愿望、利他主义的精神,也并不一定就能有益于人类的发展、有利于人类社会良序运行的形成;这样一种良序运行的形成,甚至可能是与人的上述良好愿望相悖的、至少是超越的,并且是人们的行动的自然而然的不期而至的成果。正是人的这样一种的行动,创造了人类自己,创造了人类社会,创造了世界。

宗教的思想理论意义即在于此。由此,我们可以进一步来考察宗教的哲学意义,特别是宗教和真理的关系。讨论宗教和真理的关系,确切地说,是一种"恢复",是恢复、重建宗教和真理的关系;这种关系,自欧洲近代以来,曾被自然科学毁于一旦。

### 3.4 真理和宗教

通过对佛教及其经典的研究,我把真理和宗教结合在了一起,并且是在与以往哲学(如认识论、伦理学、价值观等)的不同层面上;佛陀的所作所为以及佛经,可以被看作是对真理的一种真实体现与描述。因此,它们无疑是真理整体中的一个重要部分,一个不可缺少的部分。本文,就是试图用宗教(特别是中国佛教)的这个部分,来解读 H.-G.伽达默尔的《美的现实性》,解读欧洲的现象学、解经哲学,进行互读互释。

把宗教和真理放在一起,甚至认为宗教也有真理,这无疑也是一种必要的不可或缺的看待真理的视角和视域,甚至可以说,也是一种真理的固有存在方式。首先,是"做"、是"行为"、是"心动",直接地遭遇、触摸、体悟真理,把哲学关注的重点从以往的"看"、"思"、"说"转移到人的实际"作为"、"行动"、"心动"上来。其次，对"神"的"存在"的"确信无疑"，即"确信"那种"看不见、摸不着的"尚"无法认识"、尚"不可知"的"神秘事物"的"存在"，并且就在这样一种"确信"的基础上建立起一种"看待"世界的观念和视域乃至生活的方式，这些无疑是宗教与哲学相关的基本内容。

宗教，探索并建立着一个世俗的现实生活世界"之外"的世界；这个世界，在欧洲被称为"天国"，在中国叫"西方极乐世界"。研究这样的一个世界，本身就具有浓厚的哲学意味；因为，哲学产生之初就是探究"之外"的。据说，亚里士多德在分类整理自己的书稿的时候，除了已经编到《物理学》这本书里去的之外，还"剩下"了一些的书稿；他就把这些"剩下"的书稿另编一书，取名即为《"物理学'之外'"（Metha-phisik，通常译为"形而上学"，即哲学）》。这么粗略一看，宗教、哲学都是"编外"的角色。"剩下"、"编外"，却可成"王"、才是"真王"，这就是"哲学"呀！这也是"人生"啊！

不仅仅如此，即便"研究"本身，也是一种"之外"的工作，需要"站在"研究对象的"外面"。"研究云者，自己站在这东西外面，而去爬剔、分析、检察这东西的意思。像弘一法师，他一心持律，一心念佛，再没有站到外面去的余裕。哪里能有研究呢?"[15]对于佛教及其经典，我是一个研究者，是以哲学工作者的身份来研究佛法，尽管我并没有固执自己的身份与以往的哲学之见；按照叶老上面的说法，我即是一个站在佛教与其经典外面的人。我迄今为止没有皈依，因此而具有了"站到外面去的余裕"；这一点，和弘一法师不同，这里面涉及许多的区别，例如：行者与学者、不为与不能、专注与分心等等。当然，对于佛教而言，更重要的，应该是弘一法师那样的在里面的实修与磨炼；因为，真正能让人有真切的体会与觉悟的，是作为"当事人"（而不是"旁观者"）亲力亲为、身体力行，在这个过程中有并非事先设计的突然体验和顿悟在；这些，都是作为研究者所无法获取的。学者，要多向行者学习，并力争多做一点行者的事情；这不仅仅是在学佛的方面，其他方面也是如此，我走出学府、下海经商中的体会,已充分证明了这一点。

其实呢,行者与学者的工作可以是相互作用的,互补的,可以是相通的,相融的。从哲学的层面去看待事物,并非哲学家的专利。一些普通人、企业家、科学家,往往都会自觉或不自觉地这么去"看"事物。例如,1973 年,极其信佛的 S.乔布斯(Steve Jobs)曾说:"我对那些能够超越有形物质或者形而上的学说极感兴趣,也开始注意到比知觉及意识更高的层次——直觉和顿悟。"

"看",有一种是"'前'理论"的、"'非'概念"的"看"。普通百姓的特别是不识字的老百姓的"看",通常就是这样一种"'前'理论"的、"'非'概念"的甚至是非语言文字的。因此,对于老百姓而言,"'前'理论"的、"'非'概念"的甚至是非语言文字的"看",是生活的一种"常态",一种"自然的状态",是最熟悉的甚至是被熟视无睹的"生活自在形态";也可以说,是人的一种"生存"的"直接经验"。

遗憾的是,这样一种宗教的乃至形而上学的视角和视野曾经被长期忽略。特别是,在欧洲近代科学兴起之后,宗教被作为迷信、作为科学的对立面而被横加拒斥乃至扫荡。这样做,后果很严重:科学发展太快,把人的灵魂远远落在了后面,科学发展了,人类却堕落了。人类社会进入 20 世纪之后,严重导致人与人之间的自相残杀、信仰的淡漠和伦理道德的滑坡,问题成堆,积重难返。重建信仰,重塑人类,就成为我们这个时代的当务之急。人们因此而呼唤宗教。

## 3.5　佛教思想和解经哲学的互释

前面,对于我的解读 H-G 伽达默尔的《美的现实性》,从人生经历、哲学路径等方面做了一些必要的铺垫。那么,究竟如何来解读这部著作? 在这个方面,还有一些技术性的问题;例如,其中可能碰到的一个问题,按照过去的说法,就是"我注六经"还是"六经注我"? 换句话说,是着重于理解、说清楚作者的"意图"、"本意"? 还是侧重于《美的现实性》对读者的影响以及所引发的思想? 或者,是这两者之外的"第三者"?

### 3.5.1 解读的"'新'产物"作为"第三者"

通常,要弄懂一部著作的作者"本意"、这个文本的本来"意思",是很困难的;这种困难,这主要不在书本字面上。就像中国禅宗一再强调的,任何高僧大德都回答不了"什么是佛陀西来意?"好在我和H.-G.伽达默尔面对面地直接讨论断断续续有3年之久,特别是我翻译《美的现实性》就在他身边,有了搞不清楚的地方,可以直接问他。然而,他认为,想读懂他的书,我在他身边至少要待上5年;显然,仅仅按照这个要求,我就不能说已经懂得了他的"本意"。另外,由于我与他不同的生活阅历、各异的脾气秉性、不同的知识结构,"母体"、"母语"等等都大不相同,从而为全面、准确、完整地把握他的"本意"预设了种种难以克服的障碍。

不过,从另外一种角度来看,即我们读《美的现实性》的着眼点,不是主要放在把握他的"本意"、弄懂这个"文本"本来的"意思"上,也不是主要去阐发读者的"心得";而是去关注读者和作者及其著作之间的关系,把这种关系看作是一种"对话"关系,特别是把重点放在由这样一种"对话"所产生的"第三者"即那些既超越读者也超越作者及其著作的"新"的"意义"上;这也是H.-G.伽达默尔所主张的。这个"第三者",既不是"读者",也不是"作者"与"作品",而是"读者"和"作者"与"作品"进行"对话"的产物。当然,读书所产生的读者与作者、文本的关系,是多种多样、丰富多彩的,应该是异彩纷呈的。

另外,如果我们是着眼于"作者"的"本意"、注重"文本"本来的"意思",例如《美的现实性》这部书中的H.-G.伽达默尔的"本意",一个版本的"意思";那么,这种"本意"就只能是一种,不大可能有多种。而倘若从读者的方面来看,则一千个人读《美的现实性》,就会形成绝不少于一千个的"看法",读者得出的《美的现实性》的"意义"是多种多样的。

这里,已经涉及"本意"与"功用"的关系。从过去中国解读的传统角度来看,比较注重"本意"和"功用"的关系。应该说,H.-G.伽达默尔

是比较重视"功用"、"影响"的;换句话说,这是重视"实际发生"的
事情。

### 3.5.2 思想文化的多元和解读经典方法的多种

我主张中西思想文化应该互动、互释、互补;中与西乃至人与人、物
与物之间,在严格的意义上,关系是相互的、平等的,而不是从属关系,
不是主仆,不分主次,不显高低,也不是对立与对抗的。

2009年,出版了我的《读法和活法——〈坛经〉的哲学解读》,这部
书是用 H.-G.伽达默尔的解经哲学来解读中国的佛教经典《坛经》。现
在,我用中国天台宗的"五重玄义"等佛教的解经理论,来解读 H.-G.伽
达默尔的《美的现实性》。在这个过程之中,进行中西哲学乃至不同传
统思想文化的互动、互释、互补、交融。

《美的现实性》这部著作,按照 H.-G.伽达默尔本人的说法,是探讨
"艺术经验的人类学基础"的,并且是通过对欧洲传统思想文化的三个
基本词(游戏、象征、节庆)的回顾来进行的。关于"人类学",朱光潜先
生认为是"把'人'作为一个动物种类来研究"[16]。这一点,我认为很
重要,由此可以解释:为什么到了21世纪,仍有那么多的人信奉"丛林
法则"。除此之外,自从我接触《美的现实性》这部著作以来,我发现,
其中涉及的问题,可以分成两个大类:一个,是世俗的现实的问题,如欧
洲科学的危机与艺术的转折等;另一个,是出世的超越现实的问题,如
神话与宗教等。因此,在实际上,《美的现实性》也在进行着一种"现
实"和"超现实"、"入世"和"出世"、"人"和"神"的对话,所涉及的问
题,已经超越了"人"的世俗社会的范围。现在,我试图在中国的现实
与传统思想文化的双重背景下,继续这样的一种对话。

在《美的现实性》中,涉及了与古希腊罗马宗教传统的关联以及欧
洲的宗教改革的影响问题,欧洲这样的一种艺术与宗教的密切关系,在
《美的现实性》的一开始就表现了出来。尽管,H-G 伽达默尔的解经哲
学主要是围绕着"艺术经验"展开的;然而,欧洲现实生活中艺术与宗
教的亲缘关系以及解经哲学始于对神的话语、宗教经典解读的实际,都

不能不在他的哲学思想的产生发展中留下明显的痕迹,自然也如此反映在《美的现实性》当中。这些特点,使我最终决定以"解经哲学"来称谓这门由 H.-G.伽达默尔最后完成的哲学学说,以突出它与神的话语、宗教经典解读之间的不解之缘;也正是这样一种艺术、宗教与哲学之间的对话互补融通,导致我这次重读《美的现实性》这部名著的时候,突出了其中本来就有的神话的宗教的意味,并且尝试以中国佛教的解读经典的传统方法,来解读《美的现实性》。

这次出版,《美的现实性》和这个"序"的中译本,我基本保持原样。对它们的解读,首先采用了 H.-G.伽达默尔哲学的对话和循环解释方法;其实呢,这类方法,在中国的解读经典中也常用,包括在解读佛经经典的时候。远的不去说它,就是在虚云大师那里,也常用。例如,他曾经这样说过:"看"经,可以"走马看花地看。若要有真实受用,就要读到烂熟,读到能背。以我的愚见,最好能专读一部","只要熟读正文,不必看注解。读到能背,便能以前文解后文,以后文解前文"。而虚云大师所说的前后文(上下文)互释,正是欧洲解释循环的一个重要内容。

除此之外,我还特别采用了中国传统的解读佛教经典的一种方法,增强了中西互释的分量。在我看来,中、西的思想文化,是全球思想文化的组成部分,是应该并且可以进行相互解读、诠释的;这样一种的相互解读、诠释,构成中西思想文化的良性互动和对话,有利于推动各自乃至全球思想文化的发展。

中国佛教传统的注释、解读经典的方法,这是中国佛教界经长期的积累,形成的自己注释、解读宗教典籍的方法。注释、解读佛经的方法,曾有过多种,不只是这一种。华严宗曾有过一种叫"十门开启"的方法,这种方法与天台宗的"五重玄义"相比较,要复杂得多;"十门开启",顾名思义,有十个段落;而"五重玄义",顾名思义,只分五个层面。经过比较,佛教界比较喜欢用天台宗的"五重玄义";即便是那些不属于天台宗教派的佛学人士,也常常用天台宗的"五重玄义"来注释、解读本教派的经典。

在这里，我想再拓展一些，把这种本属于注释、解读中国佛教经典的"五重玄义"的方法，使用在对我德国老师 H.-G.伽达默尔的经典著作《美的现实性》的解读上面；尽管《美的现实性》不是宗教的经典，而是一种广义的经典。

现在，我根据自己对"五重玄义"的理解，就《美的现实性》这部经典的体用、宗旨、学统与法脉等，做一个简明扼要的分析介绍。这种分析介绍，按照次序，共分以下几个步骤和层次：

首先，当然是"释名"，就是解释所读之经典的题目，即书名《美的现实性》；以了解它的含义。着重解读"美"、"现实性"。

然后，大致按照"五重玄义"的其余四项"显体"、"明宗"、"辨用"、"判教"的层次与顺序，但主要还是根据我们所读之经典《美的现实性》的内容，就"真的世界"、"爱的智慧"、"'空虚'和'充实'"、"接续柏拉图开创的哲学谱系"等层面，展开讨论，以此"通达"这部经典的"思路"和"心路"。

下面，我就按照所讨论问题的需要，大致参照天台宗"五重玄义"，来解读 H.-G.伽达默尔的经典著作《美的现实性》：

## Ⅲ.《美的现实性》文本解读

这个部分，分以下五个部分：1.书名《美的现实性》的解读；2."真的世界"（Die wahre Welt）；3."爱的智慧"；4."空虚"和"充实"；5.哲学的谱系和佛教的法脉。

### 1. 书名《美的现实性》的解读

1987 年，在火车上，那是我和 H.-G.伽达默尔第一次面对面地两人谈话。在这次谈话中，我曾经问他："除了《真理和方法》之外，您还有哪本书比较重要?"他不假思索、直截了当地回答说："《美的现实性》。"

我随后就去买了这本书的袖珍版本,见篇幅不大,就随即翻译了起来。

这部著作的书名,不复杂,仅由"美"和"现实性"两个词组成。解读书名,首先,要把这个书名的字面意思和内在含义讲清楚;而更重要的,是要由此"通达"他在这部著作中的"思路"和"心路"。

我先解释"美":

### 1.1　美(Das Schoene)

"美",在本书中,H.-G.伽达默尔用的是德文词"des Schoenen"。在德文里,这本来是一个形容词,在这里是把形容词作为名词来用。

在德文里,"美"的形容词是 schoen,有"美的"、"好看的"、"好听的"、"显现的"等等意思。"美"的动词是 schoenen,有"使美观"、"澄清"、"显现"等意思。

#### 1.1.1　"美"是什么?

或者说,什么是"'美'的东西"? 在探讨"美"的时候,H.-G.伽达默尔先把它放在"尘世"来观照。他习惯性地想到并提及了古希腊的遗产,追溯"美"的古希腊意义。他指出:"美",这样一种与"由直接观察来决定的东西",会与我们的记忆中的"美的品德"相联系;这种品德,能够改善社会风尚,能够使得人们和谐相处,使得整个社会秩序井然。

H.-G.伽达默尔还从"人在世界中的基本经验"来解说"美"。"美",是"显现";然而,"显现",在古希腊的时候,只被看作是"人在世界中的基本经验"的一个方面,而另外一个重要方面则是"隐匿"。这两个方面,是不可分割的[17]。众所周知,M.海德格尔在探讨"存在"的特性时,"显现"和"隐匿"、"揭示"和"遮蔽"就已经成为一种有机的组合。

在《美的现实性》当中,H.-G.伽达默尔把艺术作品及其赏析作为一种"此在"(Dasein)的"存在方式"。他强调语言特别是"口语"与"艺术";讲到艺术形式,这自然也会涉及"文体"问题。我和 H.-G.伽达默尔也曾专门讨论过"文体"问题。现在,我想从"文体"的角度,通过对科学与艺术的异同等的分析,来谈论艺术作品的"存在方式"问题。

### 1.1.2  美的存在方式与文体

中国的文学艺术作品当中,在"文体"上,采用"对话"形式的很多,例如:相声、对歌、对联、诗词的对仗、话剧、双人舞等;而在哲学与理论方面,也有孔子的《论语》等。印度(确切地说是:尼泊尔)的《金刚经》等佛教经典,也都是"对话"体的。古希腊柏拉图记录苏格拉底哲学思想的著作,也是"对话"体的。

不过,尽管如此,学术论文与艺术作品有着明显的区别。学术论文,讲究理论性,有规范化的专门术语,重逻辑,这在柏拉图的《对话录》里已经很明显。然而,文学、诗歌等艺术作品就难免带有兴趣爱好、情感色彩,包括个性情趣、艺术品位、笔墨风采甚至夸张、浪漫等等。

在哲学地谈论艺术的时候,包括我在本书中谈论《美的现实性》这种对艺术的哲学思考,我则是在努力摆脱学术论文的腔调。更有必要提出的是:这种"文体",往往还是辩论的,是辩护性的。充满激情,带有煽动性或蛊惑性,甚至是某种霸气。有霸气,就有锋芒、风采,就有个性。带有霸气,是辩护的自信的表现。本来嘛,讨论问题、讲话写文章,就是要坚信自己意见的正确,敢于表达自己的不同意见;意见不同,就有辩论乃至批驳。

就艺术和科学而言,它们是人类文化的两翼。它们共同组成了人类文化的整体,却又是人类文化这个整体中的不同部分。对于它们所做的理论研究和哲学思考,理应明显不同。

科学,通过概念、逻辑,做因果关系等"证明",揭示种种法则、规律。而艺术则是一种塑造形象、显现、展示;对艺术的思考与评论,哲学家提出了一种不同于科学的方法:借助于部分和整体的关系,来作出"解释"。这种"解释",不着眼于法则、规律,也不可能总结出法则、规律之类,因而完全不同于科学。H.-G.伽达默尔的"解释",往往成为一种"辩护",例如在《美的现实性》中对现代艺术的合法性的"辩护"。如果溯源于苏格拉底,其主要的对话都是在为他自己"辩护",因为被误判、受冤枉，而依法作无罪的"辩护"。所以，在这个意义上，解释、对话，就是"辩护"。辩护，不同于证明。

但是，在崇尚科学的年代，一切都被冠于"科学"，包括对艺术的研究和思考，往往也会称之为"艺术科学"、"人文科学"等。这一点，在当下的中国，正赶上"科学"热潮，可以说是居世界之最。

而 M.海德格尔、H.-G.伽达默尔在哲学上的贡献，就在于破除了对科学的迷信；他们的这种破除，又恰恰是借助于对艺术的思考。M.海德格尔的《艺术的起源》之所以在当时一石激起千层浪，原因就在于此。

在 20 世纪中晚期，H.-G.伽达默尔介入了当时的传统艺术和现代艺术的争论。随着现代艺术的蓬勃发展，无论在艺术思想理念、内容、形式、技巧、风格等各个方面都发生了巨大的变化，从而体现了崭新的艺术面貌，完全不同于传统的艺术。那么，究竟应该如何看待这些不同？应该怎样正确评价现代艺术？

按照 Dasein 的哲学来理解、解释艺术，艺术是一种具体的时间的存在，是此时此地或彼时彼地的存在。因此，艺术是时间的、历史的；但同时又是空间的、地域性的（关于空间这个部分，M.海德格尔、H.-G.伽达默尔都论述得不够，甚至因为过多地侧重于时间、历史，而对空间、地域都有所疏漏）。艺术，首先是当下的、当代的、现在的事物；而过去，是已往的当下、当代、现在；将来，是尚未出现的当下、当代、现在；现在、过去、将来，构成了艺术的整体。更重要的是，现在与过去、将来，它们都有一个"此"，都立足于"此"，都涉及它们"存在"的"此"，而且被这样一个"此"统一了起来。因此，现在与将来等等，在艺术中都不是对立的、排斥的，不是彼此封闭的；而是不断相互碰撞的、相互作用的、相互交融的、互补的、兼容的、统一的。按照佛教思想，弘一法师说："世的意义就是有时间性的，从过去到现在，现在到未来，在这一时间之内的叫'世间'。""从过去到现在，现在到未来，有到没有"，"都是一直变化，变化中的一切，都叫世间。"[18] 这就是说，过去、现在、未来都是在统一的时间即"世间"之内;而这个统一之间,又有变化,而且在"一直变化"着。

H.-G.伽达默尔讲过,所谓"此在",对于艺术作品及其鉴赏而言,就是那种在此时、此地被此人阅读的具体存在。正如 H.-G.伽达默尔所说:"在艺术形式中,就具有一种存在于阅读中的同样真实的此在,例如在行吟诗人吟诵中存在的史诗,或在看画者赏析中存在的绘画。"显然,经过行吟诗人的吟诵或看画者的赏析,那史诗或绘画都已经变成"此"行吟诗人嘴里的或"此"看画者眼里的了,又都只是行吟诗人吟诵的或看画者赏析的"此"时"此"地的了;而不再是原来诗人或画家的了,而成为是吟诵者、看画者与原诗人、画家及其作品的相互作用的产物了。这,就是"此在"。"此在",具有其特定的阅读的时间性、地域性,且融汇了阅读者和被读者的不同个性;因此,艺术作品及其被"理解",都是这样一种"此在"的"存在方式"。

不过,在谈论到"对话"问题时,H.-G.伽达默尔强调:"对话",主要不是"文体"问题。"文体"之类,只是体裁之类技术层面的问题;而解经哲学,是思想、精神的,作为"对话哲学",所涉及的视野、境界要宏大、深远得多,也不仅仅是艺术形式的问题;"对话哲学",还应进入"神圣之维",触及灵魂,跨越"现实"与"超越现实"、"人世间"与"天国"等不同领域。

### 1.1.3 存在的真正的形态

应该说,在《美的现实性》中,非常重要的是,H.-G.伽达默尔把视域从"尘世"又转向"天体",尽管是着墨不多,但分量很重。当然,既具有"美"的直观性、又更合乎规律性的,并且具有可靠的恒定性的秩序,是"天体"。不过,相比之下,根据柏拉图:"存在的真正的恒定如一和固定不变的结构形态",是在"天国",既不在"尘世",也不在"天体"(自然界)。而这样一种"天国"的"真的世界",只有"神"才能够到达,才能充分看到。由此,对于"美"的讨论,H.-G.伽达默尔从"尘世"转向"天体"之后,进而又把视域转向了"天国";对人的讨论,也由"肉体"

转向"灵魂";对哲学探讨,也因此由"艺术"而转向神话、"宗教"。

这里,需要明确"宗教"与"艺术"二者的不同。"艺术"提供人们以情感的享受,令人心情舒畅;而"宗教"则纯洁人们的灵魂,把人们导向真实、永恒。从这样一个意义上来说,"艺术",是"入世"的;而"宗教",则是"出世"的。

在《美的现实性》中,H.-G.伽达默尔援引了柏拉图对话《斐德罗》篇中的这样一段描述:"……所有精灵的颇为壮观的行进队列,在这种队列中反映出日月星辰的夜幕。这是由奥林匹斯山诸神率领的向苍穹深处驰去的车列。人的灵魂也是驾驭着畜力车,紧跟着通常带领这种队列行进的诸神。在苍穹最高处那就看到真的世界,在那里人们所能看到的,不再是我们尘世所谓的世界经验的那种变幻无常的无秩序的活动,而是存在的真正的恒定如一和固定不变的结构形态。这时,诸神全神贯注地观察这种所遇到的真的世界,而人的灵魂(因为他们意马心猿)却心神不定。因为,人的精神中的本能性的东西混乱了视听,人的灵魂只能对那种永恒的秩序投之片刻的、粗略的一瞥。然后,人的灵魂就从天国坠落到人间,离开了那个世界的真,对那种真只保留一点点非常模糊的记忆。"

事实上,这段生动精彩的描述,揭示了许多神话、宗教(当然也包括中国佛教)信仰的一些共同点。宗教有一种"天国"(或佛教的"西方极乐世界")设计,这种设计产生于与人间尘世的区别,人世是"虚幻的"、"无常的无秩序的";而"天国"则是"真的"、"恒定如一和固定不变的"。人对于这种"真的""天国"世界,只能在"神"的指引带领下,才有可能看见乃至到达;所以,"神"是人的"灵魂"通往"天国"到达"真的世界"的领路人。而这样一种的"看见"与"到达",也只限于人的"灵魂"而已,人的肉眼、肉身则完全没有可能。这样的一种"看见"与"到达",使得片刻脱困于"尘世"的人的"灵魂",毕竟由此而获得了一种"经验"。这也是一种"美"的"经验",极其难能可贵。人的"灵魂",因为有了这种瞬间的一瞥,这一瞥尽管是那么的短暂与粗略;但是,他毕竟"见到"了"真的世界"!所以,他可以因此而重新"回忆"这种"真的世界"。正是在这种对"美"的探讨之中,人们获得了一种"真的世界"的"可见性"。由于这样的一种"可见性","真的世界"不再遥不可及。因此,"美"与"现实性"并非对立。

由"美"与"直接观察",H.-G.伽达默尔涉猎了三个层面:"尘世"的、"天体"的和"天国"的。最终,他突出强调了那种"真的世界"的"可见性",一种与"神"、人的"灵魂"相关的"真的世界"。因此,要了解、读懂《美的现实性》这本书,没有超越"尘世"(人的社会)、"天体"(自然界)的境界与眼光是完全不可能的;"尘世"、"天体"之外的"天国"领域,恰恰是"神"的、人的"灵魂"的活动场所,这是另外的一种"真的世界"。在H.-G.伽达默尔的《美的现实性》当中,无论探讨"美"还是"真",有关"天国"、"神"、人的"灵魂"的话题,是绝对无法回避的。

这些,正是我想提升到宗教的领域来看待、并用中国佛教的读经传统来解读《美的现实性》这部著作的依据所在。下面,我再来讲讲"现实性"。

### 1.2 现实性(Die Aktualitaet)

美特别是艺术,关系到柏拉图所说的"现象的现实性";因而,"现实性",应该是现象学的题中应有之义。通过"现实性",H.-G.伽达默尔借助于向柏拉图的回归,把"现象学"拓展到"艺术"、"美学"的领域。

探究认识的"可能性",是I.康德批判哲学的主题;H.-G.伽达默尔的解经哲学,开始借助了I.康德的"可能性",以阐发解经哲学:"借用康德的话来说,我们是在探究:理解怎样得以可能?"H.-G.伽达默尔在其《真理和方法》的第二版序言里,仍然做了这样的强调;也就是说,《真理和方法》这部著作,主要谈论的是"可能性"问题。这个第二版序言,写于1965年。

事实上,H.-G.伽达默尔对"理解"的"可能性"一直是存有疑虑的,至少是一直在探索之中的。例如,他在解读何谓"自我理解"的时候,明确指出"自我理解"(Selbstverstaendnis)所"暗示的正是人不能成功地理解自身","因为我们是谁乃是一个无法完成的事情,一项常新的事业,一个常新的挫折。任何希望理解他或她的存在的人都会碰上死亡那个简单的不可认知性。"[19]正是在这里,H.-G.伽达默尔触及了"死亡"问题;"死亡",是人理解自己绕不过去的一个难题。"死亡",也是宗教的主题,基督教、佛教都是如此;一旦讨论到"死亡",就得进入宗教的领地。这是我们在解读他的"理解"问题时应有的视角和视野。我们的人生,充满了变幻莫测、不可知性;尽管我们挖空心思、千方百计地试图"理解",然而这种"理解"是尚未成为可能。这是一种"愿望"与"现实"之间的不能一致、矛盾。实际上,这已经从"理解怎样得以可能?"变成一个"理解怎样得以'可行'?"的问题了。

而探究"现实性",既是现象学发展本身的需要,也是对"可能性"的哲学思考再往前推进到"可行性"的必然。从"可能性"到"现实性",就有了"理解怎样得以'可行'";或者说,从现实的事物追究"理解"的"可行性"。发表于1977年的《美的现实性》,这个讲演的标题就十分鲜明地突出了"可行性"、"现实性"问题。

不过,我们回过头来再说,他的这种讨论,是从"现象的现实性"着手的;也可以说,是从"摹本"扩及"原型"的。

### 1.2.1 从"可能性"到"现实性"

从"可能性"到"可行性"、"现实性",体现了H.-G.伽达默尔对艺术经验的深入和对哲学理解、解释的深化。历史上所发生的艺术事件,不再只是历史学意义上的了,而主要是实际真实发生的了。这是对于"现实的人"所发生的"现实事件";对此,H.-G.伽达默尔有着自己的生存状态的"遭遇"以及切身感受和经验。"此在"的生存论分析,不能只停留在"可能性",而不扩及"现实性"。特别是他对于"接住"神来之物的"世界力量"以及"超越我们的愿望和行动与我们一起发生"[20]的事物的强调;关注"一起发生"、"神来之物",更使得对"现实性"的阐发成为不可避免的了。

　　前面,我们已经谈到,在"神"(或"佛")的指引带领下,人的"灵魂"可以"看到"乃至"到达""天国"的"真的世界";由此,人与"真的世界"不再遥不可及;因此,"美"也就不再与"现实性"相对立。在柏拉图那里,"现实性"与"摹本"相关,因此与"原型"是相区别的。

　　"现实性",需要有通达的路径;有了具体的通道,才可以成为"可行"的,变成"现实"的。中国的佛教经典,之所以叫"经",就是为了突出强调:它们所指出的,是一种"路径";这种"路径",是靠人"走"出来的,且被许多人认为是"可行"的、众人都去"走"的。从这样一种角度去看《美的现实性》,"美"和"现实性"、"现实"之间,是可以找到一条通道的;从而,它们之间,即便是"两岸",也是可"通达"的,就成为一种"非对立"、"非对抗"的关系,而是一种"有来有往"的"对话"、"通达"关系。

　　"现实性"(Aktualitaet),这个德文词的词根是 Akt,Akt 在德文中,有"行动"、"行为"、"仪式"、"实现"等意思。这个 Akt,经常被一些心理学家、思想家和哲学家用于对人的情感、内心的体验和精神世界的探索与研究。例如,F.布伦塔诺(Franz Brentano)为代表的"行为心理学"(Aktpsychologie),就是这样的一门心理科学。在心理体验方面,它把"行为"和"内容"区别了开来,从而与"物理学"区别开来,并把"行为"作为了心理学的研究对象。比方说,我们"看"一朵"花",就要把"看"这个"动作"和所"看"的"花"这个物件区别开来。研究"花"这种对象的,是物理学的研究范围;而研究对"花"的"看",则是心理学所应该研究的。"行为心理学",是研究人的心理行为的。

　　H.-G.伽达默尔在这里使用的 Aktualitaet,正是突出"行动",强调"实现";他要"实现"什么?"实现""过去"、"现在"、"未来"之间的时间的跨越与交融,"实现""此岸"到"彼岸"的"过渡"。然而,曾有人却把 Aktualitaet 解读成 Moderne(现代),这显然是一个极严重的错误;首先,Aktualitaet 不是一个时间、时代的概念;其次,H.-G.伽达默尔无意强调"现代性",以对峙于"过去性";而恰恰相反,是着意去沟通"现在"与"过去"。不能用以往哲学的非此即彼、"对抗性"的"冷战思维",来歪批 H.-G.伽达默尔的哲学的"对话性"。

"现实性",是相互作用的产物;而这种作用,又是"现实"地发挥着的。动,居于能量;有动作,有碰触,才有相互之间的作用。"现实",不仅仅是当下的现实,而是已经存在了亿万年的现实。有一位德国的哲学教授曾经这么说过。

我在 G.冯克教授那里研读 E.胡塞尔的时候,就感觉到:由"行为心理学"发端的"现象学"的哲学的研究,最终应该回到"行为"这个起点上来。

### 1.2.2　心理活动与日常生活

F.布列塔诺完成了学科研究从"物理对象"到"心理活动"的转变。由行为(或行动)心理学而来的现象学,哲学思考着重于研究"'心理'活动"。E.胡塞尔着眼于对心理活动进行哲学思考,而在他看来,哲学的思考是"逻辑"的,是对"'心理'活动"的"逻辑"梳理、整顿。M.海德格尔则侧重于"思","思"是心理的,是"诗意"的、但非逻辑的。而H.-G.伽达默尔也着重于"语言",正是这种"语言"使"思"成为可能;这种"语言"被他看作是"口语",是"说","说"是活生生的、流动的,是"一来一往"的"对话",是一种"动作",人的"动作"。

显然,由 E.胡塞尔开创的现象学的哲学思路,着眼于对"'心理'活动"的哲学思考;他的继承发展者,无论是 M.海德格尔还是 H.-G.伽达默尔,都可以看作是:把这种对"'心理'活动"的哲学思考,向"思"的领域和"说"的领域的延伸、拓展。

M.海德格尔还开启了但远没有完成从"心理活动"到"日常生活"的转折,不过他影响了一大批人,甚至是他的老师。后来,E.胡塞尔在《欧洲科学危机和先验现象学》中,也突出批评科学忘记了其背后的"日常生活"。"日常生活",就不只是限于人的"'心理'活动",而且还涵盖着人的"'肉体'活动"如衣食住行等。讨论"日常生活",就将使我们的哲学思考越出"精神"的、"心理"的、"思想"的层面,拓展到"肉体"的、"现实生活"的层面。这是一种"视野"的、"行动"的领域的转换与拓展。我们对"日常生活"的哲学思考,这种"行为"本身,就现象学的意义上来讲,就是"视角"的转换、"视野"的拓展,而且还是人的"活动"和"行为"领域的拓展。不断地对固有领域进行转换、拓展,是现象学的一种哲学特色。

"'心理'活动",是区别于"'物理'活动"而言;简言之,可以称之为"'心'动"。"行为(行动)心理学"以"看"这种行为作为研究重心,正是为便于区别以所看之"物"为研究对象的"'物'理学"。

而从中国人的思维习惯来看,"言"、"说"往往被和"行"、"活动"比照来表述,并且比较重视"行"、"活动",在与"行"、"活动"的比对中揭示"言"、"说"的不足,例如:"听其言,观其行",强调以其"行为"来检验一个人的"言语";在"言传"和"身教"的比对中,突出强调"身教"。至于"'心理'活动"和人的身体力行相比较,人们则重视身体力行、亲力亲为。时下,人们常说的一句话就是:心动不如行动。

基于"言"、"行"的比照、重"行"轻"言"的中国思维习惯,再加上"心动不如行动",由"'心'动"转向"'行'动"无疑是既顺理又成章的。

"日常生活",特别是无名者的生活,在一些书里特别是野史中,往往也只是寥寥数行、片言只语,记录了一些无名者的事迹,而不知其名,甚至他们本来就没有名。这些文字,虽然又大都是乏味、枯燥,根本谈不上文采,更谈不上如何的栩栩如生,却能震撼读者的心灵,发人深省。这是因为其中涉及一股强大的精神力量! 这股力量,显然不是出自那些文字,而是其中涉及的事情本身。在这种情况下,我们只有关注这些事情本身,回到这些事情本身,而不是拘泥、局限于这些文字,才有可能从它们的字里行间看明白事情真相、感受其强大的力量。

在考虑做某件事情的时候,往往比较多地去谈论其是否可能做成;因此,在人们着手做这件事情之前,总喜欢去讨论其成功的"可能性",而忽略其实际的"可行性"。其实,过多地去讨论可能性,实在于事无补;因为事情是"'做'成"的,不是"'想'成"的,也不是"'说'成"的。

再说了，人们的生活，是实实在在的，很现实，不能老是停留在空想或者理想之中；也正因为其现实、实在，所以它才真实。而可能性则远离了现实，因而也就远离了真实。

### 1.2.3　胡塞尔、海德格尔的"现实性"观

接下来，我简略介绍一下 E.胡塞尔对"现实性"的看法。

E.胡塞尔曾从"文化"的角度谈及了"现实性"。他认为，现在的世界已经进入了一种被称为"科学技术"的时代，而"科学技术"是一个"文化"的概念、一种"文化"的形式；因此，这是人们对自己时代所作出的"文化意义上"的理解、把握和描述。

这样一种的"文化"，揭示了人类的"具体生活世界"，显示了人类的"现实性"。可以说，"文化"是对"人类现实性"的"直观把握"。

从这些话语中，我们可以看出，E.胡塞尔对"现实性"的一种独特视角。他不反对从"文化"乃至"艺术"的角度来看待"时代"、"世界"；甚至还认为，可以把这种"现实性"问题纳入他的先验的意识哲学来加以规范。

M.海德格尔也谈到过"现实性"问题。与 E.胡塞尔不同的是，他不借助于"反思"，而是把问题放在"反思""之前"；这种放在"之前"的做法，追究"原初"的起点、意义，是 M.海德格尔哲学思路的基本特色，因此而被人们称为"'基础'本体论"。

M.海德格尔崇尚"实际发生"与"自发性"，以人的实际生活中的"现实性"，来揭示人的"生存意义"。M.海德格尔探讨"现实性"的这些特点和哲学的人类学倾向，给 H.-G.伽达默尔以重要影响。

### 1.2.4　"传统艺术"和"现代艺术"之间的"过渡"

所以，在哲学上，也就有了进一步探讨"现实性"的需要和必要。追溯到 A.G.鲍姆伽登（Alexander Gottlieb Baumgarten）之前，人们延续着柏拉图（Plato）的传统，是以"造型艺术"为基础来谈论人们的审美问题的："真实存在，被柏拉图作为原型；而所有现象的现实性，则被柏拉图作为这种原型的模本来考虑的。"（如何理解柏拉图的这两句话？不

妨参阅我在本书中后面讲到的佛教的"自心现量,不断之无")

在《美的现实性》中,一开始,H.-G.伽达默尔就把话题向"现实性"靠近,突出了"可行性",由此而区别于他在《真理和方法》一书中强调的"可能性"("理解何以可能?")。康德哲学,其重点就是讨论"可能性"的,讨论"认识何以可能?"由"认识"转向"行为"、从"可能性"转向"可行性",这可以看作是H.-G.伽达默尔对哲学的一个重大发展;这种发展,突出表现在对"艺术"的探讨之中。"现实性",既是"艺术"的特性,也是指一种"实现"的性能,涉及相关部分之间的相互作用。具备了"现实性",即便是再虔诚的宗教徒,也不会遁世,不会与世隔绝。

H.-G.伽达默尔的解经哲学,作为语言艺术的哲学,推崇诗歌,以谈论"诗学"见长。但是,在《美的现实性》这部著作里,为深化对"美"与"现实性"关系的讨论,H.-G.伽达默尔暂时放下了诗歌的"'语言'艺术"这个习惯性的话题,而讨论起了"'造型'艺术"。他把"造型艺术"作为艺术哲学的新课题(众所周知,特别是建筑艺术,它在现代的思想界乃至哲学界刮起了创新、变革与解放的风暴);下面,在《美的现实性》当中,他这样描述了在建筑领域里面的那种"全新的创造"和思想的"解放":

"我又想起了现代的建筑艺术:一种什么样的解放——或者说是探索?——由此形成了,借助于新的建筑材料的使用、某种程度上就可以去违反那些流行的静力学原则,房子的建筑、砖石的迭砌等等都毫无共同之处;相反,处处表明为一种全新的创造——某种程度上可以说,是建在尖顶式的基础上或者纤细得似乎经不起重压的柱子上的房子,那里原本是围墙、四壁和用起保护作用的壳套封闭起来的地方,现在都被打开由帐篷式的顶盖和保护物取代了。上面这些简略的概述,只是说应该知道,究竟发生了些什么事情,为什么艺术在今天提出了新问题。我认为:为了什么去弄明白今天艺术究竟是什么,这是给思维提出的一个课题。"

面对这样一种的建筑艺术的"全新的创造"和思想的"解放",

H.-G.伽达默尔展开了他的独特思考；正是居于这一点，他和我这个学美术史出身的中国学者有了不少的共同语言。限于篇幅，在这里，我仅介绍他的着力寻找、发现、确立"科学"的"'彼岸'形态"（即"艺术"），并且努力解决"此岸"到达"彼岸"的如何"过渡"、如何连接的问题。在《美的现实性》这本书里，这个问题作为"行为"问题突出体现了"行动性"；"可行性"，也就成为了一种"过渡"、"连接"的"可行性"。

在《美的现实性》这本书里，这也体现为那种"整体观"、"过去和现在的统一性"和"过去和现在的共时性"、"过去和未来的共时性"。由此，H.-G.伽达默尔通过"时间性"、用"时间性"来解读"存在"，继承和发展着 M.海德格尔的哲学的重要思想遗产。在这里，H.-G.伽达默尔明确无误地告诉我们：作为他"的出发点的一个最高原则是"，"传统艺术"和"现代艺术""这两种艺术都必须作为艺术来理解，并且二者同属一个整体"。以此，他结束了欧洲艺术界长期以来所存在的那种把"传统艺术"和"现代艺术"对立起来、非此即彼甚至你死我活的对抗状态。

他的这样一种"传统艺术"和"现代艺术""同属一个整体"的思想，有着深厚的解经哲学的学术根基。首先，是著名的"解释学循环"，是"整体"与"部分"的互释。其次，是前面我们提到过的直接传承于 M.海德格尔的"时间性"及用"时间性"来解读"存在"。按照他的解读，艺术家和"观众总是处于过去和现在的共时性的包围之中"，"具有那种开放的未来和不可重复的过去的眼界，这就是我们称之为'精神'活动的本质"；在这里，他用"共时性"来解读我们的"眼界"和"视域"、强调了这种"眼界"和"视域"的"交流"和"融合"。这里，也突出体现了他已经做出的对"现象学"哲学的继承与发展。也正是在这样的一种哲学思想和理论的基础上，提出了他的"传统艺术"和"现代艺术""同属一个整体"的思想。与此相关，他还说道："过去的表现形式和现代表现形式的突变"之间，是有着"一种更深刻的连续性"，把它们"联系起来"。

H.-G.伽达默尔，在欧洲被称为现代的"智者"。"智者"，以具有超人的"智慧"著称。"此岸"如何过渡到"彼岸"？在佛教的经典《金刚经》(这本书的全名是《金刚般若波罗蜜多经》)，其中的"般若波罗蜜多"指的就是那种"渡"、从"此岸""渡"到"彼岸"的"智慧"；而且这样的一种"智慧"，被认为是超越"世俗"的，是至高的、最圆满的"智慧"。

从"行为哲学"的角度，我再展开一点来讲。从"行为哲学"的角度来看，"美"的"现实性"，可以深入"美"的"活动"、"美"的"实现"。也可以说，是从"行动"、"行为"的角度来看"美"，"美"是一种"显现"，"美"是一种"行动"、"行为"，是一种"实现"。

把"美"看作是一种"行动"、"行为"，在哲学的层面上，"美"就不再是一种"对象"，而是一种"行动"、"行为"。由此，出现了哲学研究事物的角度、层面的重大变化：在这里，哲学需要研究的不再是"对象"，而是"活动"；就人而言，就是人的"行动"、"行为"。把心理学和物理学的研究对象有意进行了区别，便于使心理学能够作为一门独立的学科。汲取这门心理学的理论成果，随后形成了例如现象学等新的哲学学派。我现在的哲学思考，正是延续了这样一种把人的"行动"、"行为"作为主要研究对象的思路，并从"看"、"听"、"思"、"说"回归到了"行"；从特定的角度来看，"看"、"听"、"思"、"说"当然也都可以说是一种"活动"、"行为"。

作为"行动"、"行为"来"看"，就成为"看""美"与艺术作品的一种"视角"、"视域"、"眼光"、"境界"。或者说，这些"视角"、"视域"、"眼光"、"境界"，是与"行动"、"行为"相关的，是由"行动"、"行为"形成的；而由"行动"、"行为"所形成的"视角"、"视域"、"眼光"、"境界"本身，也是"活动"的、"变化"的、"动态"的。

既然，是从"行动"、"行为性"的角度来看"美"；那么，"美"是一种什么"行为"、"行动"呢？是人的"行为"、"活动"？在我看来，人的最基本的、最普遍的"行为"、"行动"，是他们的"衣、食、住、行"，也就是他们的"日常生活"。对人们"行为"、"活动"的哲学思考，因此就不能不顾及他们的"日常生活"。对于人们的"行为"、"行动"的思考，

"想"、"说"、"写"等等无疑是题中应有之义;但是,绝不能限于"想"、"说"、"写",更不能局限于其中的某一项。从生命的维系和延续的角度,一个人可以不"说"、不"写",甚至不"想";然而,却绝对不能不"吃、喝、拉、撒、睡",而且必须得他自己去"吃、喝、拉、撒、睡";这种"吃、喝、拉、撒、睡",是任何人都不可能代替的。

所谓"最基本的",是因为没有了它们,人就无法生存;说它们是"最普遍的",那是因为每一个人都必须亲力亲为,身体力行,不能替代。

## 1.3　行文与行动

在《马克思美学思想论集》中,我曾指出:马克思在一个《美学》的"条目中,一开始就给美学下了这样一个定义:'美学,研究现实(天然)和创作(技巧、艺术)中优美(美)的东西的科学。'"从这个定义来看,美学是一门研究美的科学,这个美包括"现实"的和"创作"的两个方面。这个条目是不是马克思写的,学界尚有争议。我认为,即便是有朝一日证明这个条目不是马克思所写,但是这个定义本身仍具有十分重要的理论价值。

在这里,提供了一个从"现实"和"创作"两个方面来看待"美"的角度。从这样一个角度来看"美的现实性"这种提法,可以看出:H.-G.伽达默尔在这里所说的"美",应该是区别于"现实"中的,是指"创作"的、艺术的。作为"创作",即文学艺术创作之类,我把它们先划分到"行'文'"的范围,并在与它们的既区别又联系中,来进一步思考人们的实际生活中的"行'动'"。

### 1.3.1　思考"行走"的依据及其意义

前面也讲到过,"路",是被"走"出来的;有"走",才有"路"。有了"路",后来的人们就可以"照此"而且继续"行走"。不管怎么说,"路"和"行走"有关系,至少"路"与"行走"的关系是主要的,我们应该从"行走"的角度来考虑"路"。

中国传统有一个说法:"行"成于"思"。这是说:深入的正确的思索,是做事成功的前提。我们先来看看"行"与"思"的关系。

在我读及的书籍中,对于"行"与"思"的关系,看法截然不同。先讲一个故事:年轻的维特根斯坦在罗素的房间里像头野兽一样来回奔走。三个小时过去,困惑不已的罗素忍不住打断他:"你到底是在思考逻辑还是在思考你的罪?""两者皆是!"维特根斯坦回答道,然后继续他的奔走。我相信,这则流传甚广的轶事,正如有人认为的那样,给所有企图理解维特根斯坦的人提出了一道无法回避的难题:维特根斯坦怎么能够同时思考"逻辑"与"罪"?这两个处于平行宇宙里的主题,这对于他的哲学和人生究竟意味着什么?然而,这依然是从"思"与"行"的关系方面,来讨论他在房间的来回奔走。不过,在我看来,维特根斯坦当时是在困境里找不到出路,而产生了那种"困兽"般的"走";他只是在"走",并没有"思考";或者说,他只是在"找出路"。而"路",则是"走"出来的、并且是用来"走"的,而不是"思"出来并用于"思"的;所谓的"'思'路",应该是对"'行'路"的一种"模仿"。

事实上,"行"与"思"往往无关:最近,小朋友向柳寄给我 2011 年第 38 期的《三联生活周刊》,上面刊登了一篇题为《哲学家小路》的文章。里面提到 A.凯莫林(Andrea Kemmerling)讲的一段话:小路是用来散步的,不是用来思考的。真正的哲学思考需要纯净而强大的专注力,需要桌子、纸和笔。这就是说,在他看来,"行"和"思"不是一回事,是应该被分离开来的,应该被放到不同的场合去进行。

J.德里达过世后,我曾经看到过一部有关他的录像,镜头里都是他一个人在行走,那是一种在虚幻背景中的似乎漫无目的地走。他的这种行走的展现,引起了我的注意。这是一种实际生活中的无目的地行走;确切点儿说,在人们的实际生活中,我确实见过这样一种行走;我本人在现实生活中,也有过类似的行走。这种"行走",从区别于"思"的层面上来看,就是一种"散步"。当然,"散步",也可以形成一种"'散步'哲学"。这类现实的、实际生活中的区别于"思想"的"行走",应该成为我们哲学地思考"行走"的依据。

　　这些现实的、实际生活中的行走,体现了一种"行走"的行动的、现实的意义,而不再是直观、思想或逻辑的意义。也可以说,重要的是"直接参与",甚至全身心地投入;而不是停留在思考、辩论是否参与、如何参与以及为了什么去参与诸如此类的问题上面,不在这些问题上兜圈子。现实生活的实际参与,现实生活中的实际遭遇,要比一切说教(不管是口头的还是书本的)都重要,都更真实,更接近真理。

　　自然,由"行"所形成的"思"、对"行"的"思",也受着"行"的重大影响。

　　1.3.2　只"行",不"看"不"想"

　　J.德里达的这种走,是匀速行走,不徐不疾。他似乎只是在走,自顾自的走,连脚下的路都不看。他虽然眼睛看着前方,但似乎并不在看什么,也不在想什么。走,而不看、不想。他在走路的时候,似乎漫无目的,目中既无物,无人,亦无方向。

　　走,而不看、不想,这是我从这部录像中所"看"到的 J.德里达的"行走"。也可以说,是我认为的这部录像所呈现的 J.德里达的"行走"。也许,这部录像本身,并不想表现这样一个 J.德里达;别人看这部录像时,"看"到的也许是另外的一个完全不同的 J.德里达。在一百个观众的眼里,也许会在这部录像中看到一百个 J.德里达。

　　"看"到的不同,由这种"看"所形成的"看法"也不会相同。因为,我"看"到的 J.德里达,只是在行走;所以,我突出讨论"行走"。

　　比方说,我把录像里 J.德里达的这种"行走",还和人的人生联系了起来。人生之初,并无明确的道路与目的;走着走着,也许慢慢形成了道路与目的;也许一生都没有。说到人生的时候,人们往往要谈论人生之路;而路,则被认为是走出来的。所以,讨论人生,我认为:不能不谈到行走。在这里,对于人生之"路"而言:"行走",就成为第一位的了。

　　因此,对于我来说,人生与行走是有着密切关系的;我觉得,我们应该从"行走"角度来看待、谈论人生。所以,人生哲学,应该是一门"行"

的哲学；而不是"看"的、"想"、"说"、"写"的哲学。

### 1.3.3 行走与痕迹、目的

当然，"行"本身，是有轨迹的；或者说，是会留下痕迹的。雁过留声，人过留名。只要有"行动"，就会留下"痕迹"；只要有"痕迹"，就会成为可"观察"的，或者说是可"看"的。

之所以会留有痕迹，是因为"行"是"动"的（因此也就有了"行动"这个说法）。只要是"行"而有"动"，就会有声响乃至碰触（"痕迹"），就会引起别人的注意。或者，更学术一点来说，"动"而在空气里产生某种"波"，因而会"波"及他人他物，就会"触动"他人他物，会引起他人的注意；就会产生一种反作用，一种相互作用。

由对"行"的"观察"，依然可以形成一门"看"的哲学。然而，"看"对于"行"，并不是唯一的角度。如果不从"看"的角度、或者不对"行"进行"观察"，所形成的哲学，也就不是关于"行"的"看的哲学"啦！

不"看"，不进行"观察"，也就不去讨论"看"、"观察"以及相关的"感官"、"感性"了，也就不会形成那种围绕着"看"、"观察"的"感性论"（也有译成"美学"的）了。例如，H.-G.伽达默尔就主张以"听"来取代"看"，代替"看"的"现象学"，以形成"听"的"解释哲学"。中国的佛教，则"观"、"听"互用、互释的，如观音菩萨的"听"海潮音，用的则是"'观'音"；而"心'眼'"、"慧'眼'"，则都与"观"有关。

H.-G.伽达默尔的哲学，是重经验的。经验，在德文中是 Erfahren，这个词的词根是：fahren。它有开动，行驶，奔向等意思，和"行走"有关。

"行走"，可以是有"目的"的，例如：有的人散步，是为了有助于消化，有利于身体健康。但也可以没有"目的"的，比如，有人在散步，你问他在干什么？他会回答说：随便走走。他的意思是说：他的"行走"，并没有什么"目的"。再如，小孩子往水里扔小石子，水面激起一个一个的圆圈，只是觉得很新鲜、很好玩，也并没有什么"目的"。

另外，有的时候，一个人"行走"，即便是有"目的"；但是，其"目的"往往因为不能实现,而没有达到"目的",因而也就没有了"目的"的可究、可言。我有过一次实际经历:我从安顺场开车去泸定桥,快要到的时候,有人告诉我们说:前面封路了,不能再往前走了。于是,我们只好原路返回。事实上,一个人做事的时候,设计了"目的"而最终未能达到"目的",这类情况,在人生中十有八九,不胜枚举。

当然,也有提倡"行"而无"痕"、"行"而不留"痕迹"的。"身行"源于"心行",更需要从心灵的层面上作出理解,其最高境界如行云流水,轻松自如,不费力、不劳神,自然而然,又凸显着那种"内在的"旺盛生命力。这是一种和"雁过留声"、"人过留名"完全不同的境界;当然,即便"雁过"可以"留声"、"人过"可以"留名",然而又能"留"得几时?!

### 1.3.4　行走是一种轮回

不过,我更喜欢把行走看作是爬山。H.-G.伽达默尔和我谈到过爬山,他说,爬山往往是一个山峰接着一个山峰的;而且,从一个山峰走向另一个更高山峰的时候,常常要走下这个山头,通过一个山谷,再往上爬,到达另外一个山头;最后,到了最高峰,又走下山来,上上下下,进进退退。我听了以后,觉得:这样的登山、下山,峰回路转,往往就形成一个小的轮回、循环。而人生经常也就是这样:不断地轮回、循环,构成了人的一生。再例如,人每年要过生日,就是说又过了一年,人生过了一个小圈;60 年,一个甲子,人生过了一个大圆圈。人生乃至人类的历史,就是由这样的不断轮回、循环构成的,上上下下、进进退退也是难免的;没有这样的轮回、循环、上下、进退,就不会有人生乃至人类的历史。

当然,有些人的爬山,是与"看"有关的,例如:"看"风景,"看"山光水色。另外,就爬山本身而言,走的路经常高低不平,险易不同,常常需要集中注意力,也就是说:需要"看"路。没有路的时候,又需要"找"路,甚至需要披荆斩棘,开辟出一条新的路来。拓展开去,有时还得"看"天气……

说起行走,我自己在人生的路上已经行走了 70 多个年头了,走过了一个甲子还多,开始着第二个甲子、第二个大圆圈。或者说,是爬完了泰山,又去爬华山了,爬第二座山。

### 1.3.5  散步与散心

"行",我们作为"行动",以区别于"思想"、"说话"、"书写"。另外,引入佛教的思想,"行"作为"修行",而"修行"的根本在于"修'心'"。

"行"的"行走"例如"散步",从佛教的"修行"的角度来看,"散'步'"则成为"散'心'"。"散'步'"的时候,自然"腿脚"也在"移动";但是,如果"散步"的人的"功夫"是用在"心"上的,那么"腿脚"的"移动"就往往浑然不知了。

同是"散步",境界却可以大不相同。我在德国海德堡大学做访问学者的时候,大学对岸有一条"哲学家之路",许多思想家、哲学家都去"散"过"步",不知他们是在"散'步'"呢? 还是在"散'心'"?

所以,才有了中国禅宗六祖慧能的:不是风动,不是幡动,而是仁者心动。

### 1.3.6  行走与经验的人类学或神圣的心学

居于"行走",我们便可以改写"人类学"(暂时不考虑佛教"修心"的因素)。前面提到过,朱光潜先生在给我《马克思美学思想论集》写的"代序"中,指出了人类学与人道主义的区别:人类学,把人作为一个动物种类来研究;而人道主义,即把人作为权衡一切事物的标准。

关于人类学。德文 Anthropologie 是 Anthropo+logie。Anthropos 是指"人",logos 是指"说";这两个词加起来,就是:关于"人"的"说";而不是关于"人"的"科学"(Wissenschaft)。人类学,应该区别于"科学"。

经验的人类学的经验,Erfahren,Er-动词前缀,有下面几种意思:使受到,使产生,获得,开始;而 fahren 这个词根,有开动、行驶、起动、运行等等意思,甚至可以说,就是"行走"。"经验",区别于"理论"、"理性"。"经验",重视亲力亲为、亲身体验和直接观察;我特别强调的是:人的实际行动、亲力亲为,人在现实的实际生活中的历练、体验和观察。

人类学通常采取田野调查的方法,研究部落民族,探索人类的起源,因此被看作是研究"传统性"的,而不是研究"现代性"的;换句话说,人类学着眼于"现代社会"(工业化社会)以外的"非现代的社会",包括"现代社会"中的一些"非现代社会"因素。H.-G.伽达默尔在艺术研究中的人类学倾向,就明显带有这种"传统性"。重要的是,面对现代和传统的对立、对抗的紧张关系,H.-G.伽达默尔提出了他自己的"对话"观,主张沟通、交流乃至交融。

人类学的学说,不少是在人与动物的区别中研究人类;而我的重视人类学,是在与动物的相同中研究人类。在我看来,迄今为止的人身上,还保留着严重的动物本性和习性。人的迄今为止的历史,是一部轮回循环的历史,在六畜中轮回循环,没能跨越动物的雷池一步。因此,人的研究,要从"复归于婴儿",进而"复归于动物"。

儿童的近似于动物,无知者的无畏;不知利害、不知风险的玩耍。如哪吒闹海。调皮,不听话,甚至随便杀人。复归于婴儿,就是回归儿童的无知者无畏。因此,"无知",恰恰是人的一种常态。许多事情是人不可知的、未知的。古人常说:机,是未知的,常常是不期而至的;机,是不可事先设计的,不受掌控的。佛教讲的修行,即是应机于当下、眼前。一粥一饭,吃喝拉撒睡,处处有机,而且往往都是千载一遇之机。因此,要学会契机,得机,见机行事,更要洞察先机。禅宗公案,皆从日常小事中见机、说机、显露机锋。对于禅宗来讲,重要的是实际生活中遭遇的事实、经验,而不是抽象的原理和法则。撞机、契机、见机行事者,往往可以除旧布新、起死回生;例如,《天龙八部》中,下棋要往看似死处去下,才有可能成活。

起死回生、死里逃生、置之死地而后生,是人的最大智慧、最大能耐、最大造化! 这一点,恰恰需要在日常生活中培养、锻炼。

如果考虑到佛教"修心"的因素,那"人类学"就要改写成"心学",就不再是从"动物"的而是从"心灵"、"灵魂"的层面去"看"人,这样所形成的"人学"就具有了"神圣之维"。(见拙著:《谈"心"哲学》)

### 1.3.7　语言与实际生活中的生命及其他

有人总结说:从语言的角度来看,现象学就是试图把作为整体的语言和理解在语言中所得到的实际表达方式联系起来。这是一种在语言之先、并且独自使语言指示任何事物的东西;在语言之前,就有意义。语言,借助于例如象征等作用,指示在语言之先的经验。而这样一种在先的基础,就是生活世界。但生活世界,不单纯是一种直接性的东西,它本身受制于一种作用:这种作用既在语言中出现,又对语言出现,包括一种反省、一种逆反过程、一种回溯性的提问。

J.德里达由语言整体谈到了的解构主义的元语言。但是,这种元语言不只限于阐明天然语言的句法,它还表明了作为整体的象征功能发挥作用的条件。J.德里达赋予 écriture 以差延、痕迹、补充、播撒。但是,écriture 绝不是一种现实的写作行为或一种书写过程,而是对意指活动的一般逻辑的描述。总而言之,在现象学包括 J.德里达那里,在语言方面,强调的是:先验、意指、逻辑。

与此相区别,M.海德格尔和 H.-G.伽达默尔把哲学从现象学转向解释学,特别关注了语言的"语音基础"。M.海德格尔在哲学中的一个着重点,便是追究"基础"(之前的东西),例如"存在"的"基础"(即"存在"之前的东西);当然,不可避免的也会对"语言"的"基础"进行探讨。现在,我们来借助于其他语言学家、哲学家的探究,拓展这个讨论。

关于语言,J.赫尔德曾讨论了其与声音、人类生命的关联。他说过:"人因疼痛而扭曲嘴唇,发出阵阵呻吟或叹息,这种令人为之动容的声音若不与人类生命的表现相联系起来,就只是一股空无内容的气流而已。一切感觉的声音都不外乎如此。在生动的联系中,在大自然积极作用的整个画面中,这些声音是感人至深、内容充盈的;但若与周围的一切隔绝开来,失去了生命,它们就仅仅是一些没有意义的字符(Ziffern)。"[21]从"语言"、"声音"中感受"生命"!这种"生命",正是"语言"、"声音"的根本!我们在诵读佛经的时候,就要能够感受到"语言"与"声音"中的"生命",那种"心声",那种"心"的"波动"。

在 J.赫尔德看来,哲学的语言已经远离了人们的日常生活的语言:"较晚形成的形而上学的语言,也许是人类野性未驯的始祖(注:最早的手稿中后有"语言"两字)所生成的某一级亚种,经过千万年的蜕变之后,许多世纪以来又受到人类文明的熏陶和修整。这样一种语言,作为理性和社会的孩子,对其最早的母亲的童年可能了解甚少或一无所知……"[22]这样一种"理性"的"哲学"的"语言",失去的恰恰就是其"生命"、其"初心"!

其实,哲学的思想,发源于日常生活中的体验;哲学的概念,发源于日常生活的语言;借助于人们的日常生活经验,可以使那些老化、僵化乃至无生命的概念,再次获得生命力。在德语等西方语言中,"生命"与"生活"是一个词(德语:leben)。因此,从对"生命"的探究的角度来看,首先应当着眼和着手于"生活"本身,而不是去研究"语言"、"艺术"。这就需要挖掘"世俗劳动"的哲学意义,例如中国禅宗六祖慧能的"樵夫"生涯,百丈的"不作不食"清规;以及德国韦伯的"新教徒式的以世俗劳动为天职"。对于"艺术"来讲,这样一种的"世俗劳动"往往是成为生命之源泉。我有一个大学同学,他因为在"文化大革命"中不愿意违心去批判他的老师,而被发配边疆后又被打成"黑帮分子",被"打倒在地",反倒好了,可以一门心思画画了;和善良的农民在一起,"地狱",竟被过成了"天堂"。

D.莫利斯也涉及了"语言"的"语音基础"问题。这个问题,被他放到了人的"声音信号"的比较关联之中。他说:"我们与其他灵长目动物共有的咕哝、呻吟和惊叫,并没有被我们新近学会的卓越的语言能力排挤掉。我们与生俱来的声音信号保留下来了,其重要作用也保存了下来。它们不仅是我们建造语言摩天大厦的语音基础,而且作为人类独特的交际手段,亦有其与生俱来的权利。和言语信号不同,它们的出现不需要专门的训练,而且它们在世界各民族文化中的意义相同……"[23]"音乐"乃至其他"艺术",之所以能够"传"之久远、而且能够成为"世界"的,就因为它们有着人类"与生俱来"的这类"声音符号"、这类人类"不需要专门训练"的"交际手段"。

在这里,D.莫利斯更清楚地揭示了:那些人们"与生俱来的声音信号"不仅仅"是我们建造语言大厦的语音基础";而且,也与"言语信号"不同,它是一种可更加使用的"人类独特的交际手段"。"与生俱来的",这一强调非常重要,我们在推行经验的人类学的时候,这一点至关重要;说得严重一点,缺了这个,就不能称之为"经验的人类学"!

### 1.3.8　哲学思考超越"语言"的必然

在 2004 年出版的《道,行之而成——走出书斋后的哲学沉思》一书中,我着重展现了我自己的哲学道路。我那种可以被称为自己的哲学道路的,其"拐点"就出现在和 H.-G.伽达默尔"意外遭遇"的那个"瞬间"。其特点就在于:和书斋的、"学院的哲学思考"区别了开来。

所谓"自己的",就是和"他人"有区别的,首先是和我老师的哲学的区别。H.-G.伽达默尔曾把他自己的哲学,定位为"学院的哲学思考"[24]。和这种"学院的哲学思考"的区别,在我的那本 2004 年出版的《道,行之而成》中完全一目了然,因为这本书的副标题就是"走出书斋后的哲学沉思"。我把"日常生活"中哲学行为和讲堂、书本的哲学思考区别了开来。由此而延伸出,日常生活中的"哲学行为"和讲堂上的哲学的"说"、书本中哲学的"写"的区别。

其次,我这样做,如果像有些读者所认为的那样是为针砭时弊,那也只是针对当时中国学府的通病,而非某一具体单位;尽管这样的一种病是我在某一具体单位看到的。我这本书之所以从认识 H.-G.伽达默尔写起,就是为了突出我在哲学进程中的那个"拐点";而这个"拐点"的根本特性,就是与"学府"、"书斋"的哲学生涯区别开来,回到哲学的原生地"日常生活"中去。这种区别,首先是和 H.-G.伽达默尔的"学院的哲学思考"的区别。为了能够"区别"清楚,就得摆事实、讲道理,甚至要为自己的行为、言论进行"辩护";这次的"重读"《美的现实性》,使我有机会再次回过头来"回忆"、"回过头来再看"、"反思"那次"意外遭遇",以及现象学的那种视角和思路。

　　首先,使我震惊的是:我们俩的真正的哲学"照面",竟是在普通得不能再普通的日常生活之中,在极其世俗的熙熙攘攘人来人往繁忙流动的火车上。给我留下深刻印象的是:作为哲学家的他的日常生活的存在方式,他是人们日常生活中的一员;平常,他就像日常生活中的一个普通人一样地生活着。我突然感觉到:对这样一个当时被称为世界哲坛一号人物的 H.-G.伽达默尔本人及其哲学思想,完全可以从他的日常生活中的存在方式、从他此时此地的实际生活入手去了解、解读,而不是以往的那种着眼于书本的或讲堂的高头讲章。

　　日常生活事件的"碰撞",竟可以改变哲学的视角、视域和思路!竟可以启动哲学的生命!哲学的阅读、思考,完全可以是从具体的实际生活中的"遭遇"出发的。这种"遭遇"又是完全"出乎意料之外"的、"突发"的、无法事先确定的,却又是如此活生生的、具有强大震撼力的、能够启动人的哲学思想的生命力的。哲学思想的生命力的启动,可以通过人们日常生活中的具体的突发的事件。哲学思想的火花,可以产生于日常生活中的人与人(或者说:我与他人)之间的"意外""遭遇"、"碰撞"。

　　"一瞬间","突然显现",与"陌生人"的偶然遭遇,造成了对话的机会。与哲学、科学、艺术本来毫无关联的偶然事件,竟会激发作者的灵感,启动作者的思路。如:科学家如牛顿,苹果掉在头上。艺术家,厕所墙上的水迹,启发了艺术的构思和表现手法。

　　这些事例,也恰恰证明了,哲学、科学、艺术本身的生命,也都需要"异质性"事物的启动。这些,都充分显示了"异己'他者'"的存在意义。

　　有人这样说:重要的是如何实际地投入生活、在生活中实际发生了什么,而不是通过理论去发现了什么。对古希腊的"理论"一词,有过不同的解释。有的解释成"旁观",H.-G.伽达默尔则解释为"参与",例如"参与"社区活动,参与节庆活动,等等。这些活动,都是发生在人们的日常生活中的。

　　有哲学以来,哲学家都在试图划出自然界、人间世的"境域"。或者说是为自然界、人世间设立一种"秩序",一种"结构"。例如,中国孔夫子的试图给人间设计一种秩序、一种结构,"君君、臣臣、父父、子子"、"家、国、天下"等等,就是这样的一种秩序、结构。

还有,就是西方的牛顿、爱因斯坦、海森堡的宏观、宇观、微观的不同时空结构。事实上,科学的观念和结构,都是可以返回、还原到人们普通的日常生活的,可以用日常生活的语言来表述的。因为,这样的结构,往往是基于他们本人的"行动"。比方说,他们的"活动"范围多大、多久,他们就形成多大的空间、多久的时间,就涉及多少的人和事物,等等。人之最具普遍性的活动,就是日常生活。

### 1.3.9　生活:工作+休闲

艺术家、哲学家们惦记着"日常生活",记住了"生活"中的"工作",却忘记了"生活"中的"休闲"。仅以"工作"来解读"生活",也是许多人的一种习以为常的惯性思维。这种思维,应该被打破。

日本一位著名企业家写出了《OFF 学》即《休闲学》。他认为:"从年轻的时候开始,对于' on'(工作)与' off'(休闲)就应该同样注意,并且设法创造出时间、金钱和悠闲的心情,尽情地享受人生。"[25]"深谙此道的人,可以说是'人生的智者',他们不只在工作领域游刃有余,还能够创造丰富多彩的人生。因此,本书中提到的'人生的智者',希望可以被解释为超越工作范畴、能够享受人生的人。"[26]

不工作,包括:周末、假期,开游艇、钓鱼、滑雪、散步、观光旅游、美食、听音乐会,等等。"休闲",区别于"工作",也应该被作为哲学思考的主题。迄今为止,人们往往习惯于以"工作"为自己"生活"的中心;而不同程度地忽略了"休闲"。

这样的一种"忽略",会影响到对事物的正确判断,影响到对艺术作品的赏析,例如 M.海德格尔对凡·高的油画《农妇的鞋》的解读。他强调了它的"有用性",从"用"的角度去看待鞋,认为"田间农妇穿着鞋子。只有在这里,鞋才成其所是。……农妇穿着鞋站着或者行走。鞋子就这样现实地发挥用途"。

从这双鞋，M.海德格尔看到的是："从鞋具磨损的内部那黑洞洞的敞口中,凝聚着劳动步履的艰辛。这硬邦邦、沉甸甸的破旧农鞋里,聚积着那寒风料峭中迈动在一望无际的永远单调的田垄上的步履的坚韧和滞缓。鞋皮上粘着湿润而肥沃的泥土。暮色降临,这双鞋在田野小径上踽踽而行。在这鞋具里,回响着大地无声的召唤,显示着大地对成熟谷物的馈赠,表征着大地在冬闲的荒芜田野里朦胧的冬眠。这器具浸透着对面包的稳靠性无怨无艾的焦虑,以及战胜了贫困的无言喜悦,隐含着分娩阵痛时的哆嗦,死亡逼近时的战栗。这器具属于大地,它在农妇的世界里得到保存。"(《艺术作品的起源》,有把"起源"翻译成"本原"的,这不符合 M.海德格尔的"时间性解读")[27]

在这里,M.海德格尔.展示的是农妇在田间的劳作和生活。然而,凡·高这幅油画中的"鞋",明明是解开了鞋带的,静静地摆放在那里的,没有穿着的。这恰恰是说明:此时农妇没有在田间干活。农妇的生活不只是在田间,特别是在脱了自己下地的鞋之后。明明是"不工作",至少不是田间的那种工作、也不是穿鞋的那种工作。很可能是在家休闲,日落而息。为什么不从"不工作"、休闲的状态、角度去解读这双鞋呢?

脱了鞋,她就不是在田间。从那双被脱下放置一边的鞋,我们所看到的更直接的是田间以外的农妇生活。这种"田间以外的农妇生活",却被 M.海德格尔忽略了。

而"宗教生活",恰恰是人们"田间以外"乃至"工作以外"的"生活"。现在,我想用中国佛教的相关教义,结合《美的现实性》的主题、要义,做一些有关的哲学探讨,进行中西哲学、思想文化的一种对话。

真、真实、真理的问题,既是 H.-G.伽达默尔所确立的解经哲学的主题,也是《美的现实性》一书的主题,我们就先从这个主题谈起。

2. "真的世界"(Die wahre Welt)

循名责实,真、真理以及对真理的热爱、追求、探究,是本书《美的现实性》的"体"。在这里,我们就涉及了中国哲学中的"体"、"用"这对基本范畴。通常,在中国哲学之中,"体",是指"本体";"用",是指"功用"。"体",是基础,是根本性的,第一性的;"用",是派生的,第二性的。有其"体",必有其"用"。不过,"体"和"用",又是互动的,互补的;甚至,有的时候是可以互相换位的;在一定的意义上,又可以说是体用一源、很难区分的:"体用一源,显微无间"(《程氏易传》之《序》)。

真理的追求、热爱,是哲学的永恒主题。然而,这样一种追求、热爱,曾经一度被自然科学所垄断。事实证明,仅在科学领域里面,真理的追求、热爱是不能穷尽的;拓展到艺术的领域,依然无法穷尽;因此,需要再向宗教的领地"回归"。

真(das Wahre),真理(Wahrheit)。讨论"艺术的真",H.-G.伽达默尔是为了改变以往哲学的"真理的研究方向",即改变以往哲学的把"真理"局限于科学、命题。他的第一部代表作《真理和方法》,就是为了从哲学体系的高度,改变以往哲学的这个"真理的研究方向"。

以往特别是欧洲近代的哲学研究,把"科学"与"真理"联系在一起,把经过科学实验证明的且可以重复、复制的东西确定为"真实",把"命题的真"作为"真理的唯一的"并且是"最终的所在"[28]。H.-G.伽达默尔直接针对这一命题,针锋相对地提出"美"作为"真"的诉说、艺术作品作为"真实"的所在,指出"命题的真,并不是真理的唯一的也不是最终的所在",进而揭示了"真理"与"美"、"艺术"的关系;从而,从根本上扭转了"真理的研究方向"。在他之前,做过这样一种努力且成就卓越的有 F.尼采(Friedrich Nietzsche)、M.海德格尔等人,而 M.海德格尔则是 H.-G.伽达默尔的博导(博士生导师)。

### 2.1 命题与真

命题,通常被作为是一个认识的表述、对一件事情的判断,由概念、判断等组成;其逻辑形式,通常由系词连接主词和宾词而成。通常,我们用一种判断性的句子,来做真假的判断;这样一种判断性的句子,有前提、有结论,构成命题。命题,有真假之分,从前提得出正确结论的,该命题为真；得出错误结论者，则是假命题。例如，这样一个命题：三角形的内角和是 180 度。通过演算证明，这个"内角和是 180 度"的结论是对的，那这个命题就是真命题。以上讲的，是命题的真假。

我们中国古人写诗填词，或者是考试，往往都要先出个题目，这也叫"命题"。显然，这种"命题"不是科学的"命题"，二者不在同一范畴，不是一回事。后者，是数学、科学、逻辑范畴内的事情；而前者，则是文学艺术范畴里的事情。

"科学的认识，通常用命题表达出来"，这是指科学的"命题"，是逻辑判断的真假命题；"而思想家的'学说'，则是在他的道说中未被道说出来的东西"，"思想"的"言说"，是非逻辑的，不受命题的束缚[29]。在"真理"问题上，M.海德格尔明确区别于"科学认识"、"命题"，而另辟蹊径。

H.-G.伽达默尔在本书中，作了明确表示，他从 M.海德格尔那里学到了："命题的真，并不是真理的唯一的也不是最终的所在。""真理并不受思维和命题的约束，而具有一种存在的特性。"这样，"真理"被从"思维"中解放了出来，进入了"存在"的领域。

在 M.海德格尔的基础上，他进而突出"艺术经验"，让"艺术的经验，在我本人的哲学解释学起着决定性的甚至是左右全局的重要作用。"[30]

## 2.2　美、艺术与真

1987 年 6 月 20 日下午，从德国斯图伽特（Stuttgart）开往海德堡（Heidelberg）的火车上，在我与 H.-G.伽达默尔的对话中，当我问到他艺术哲学的主要思想是什么时，他说了并应我的要求当时就写下了：Was schoen ist, sagt etwas wahres。"美"的"显现"，"诉说"着某种"真"。"美"、"显现"，也可以说是一种"存在"；这样的一种"存在"，"诉说"着某种"真"。

### 2.2.1　"真"与"'已''在'性"

在德文中，wahr 如果看作是"存在（sein）"的动词形态的过去时，那就是"曾在"、"已在";而 wahr,是 Wahrheit（即"真理"）的词根。一词双关，"真理"既是"存在"的、又是"过去"的，是一种"'已''在'性"。这也充分显示了德文这种语言本身所具有的丰富的哲学意味。

在《美的现实性》的《象征》部分，H.-G.伽达默尔在讨论"美的经验"、"艺术的经验"的时候，是这样说的："艺术作品不只是意谓着某种东西，而且这被意谓的本来就在艺术作品中实际存在着。"在这里，所谓"意谓"就是一种"存在"。他还以教会中关于"圣餐"的争论为例，来说明。在他看来，关于"圣餐"中的"面包"和"葡萄酒"，并不是"意谓着"是耶稣基督的"肉"和"血"，"圣餐的面包和酒，就是耶稣基督的肉和血"。

### 2.2.2 "真"与"回顾"

所以，什么是美？凡是美的东西，总是"诉说"着某种真；而这种"诉说"，是一种"显现"，"显现"着某种"真实"的东西。不过，这种"显现"，想告诉我们的不只是"意谓着""真"，并且"真"本身就存在于这种的"美"即"诉说"、"显现"之中。

借助于这样一种的讨论，"美"、"艺术作品"把"真"留存于它们自身之中，我们在它们自身之中去直接"看"（"观照"）到"真"；而不是让我们去知性地获取。因为，"真"已经在"美"、"艺术作品"之中了；对于"'已''在'"的东西，我们需要做的是"回顾"、"回忆"。就像我们的艺术鉴赏，往往是一边"看"、一边"洞悉"其中"显现着"的"真"，并且在事后"回过头来"再进行评价。因此，在阐发这些思想的时候，H.-G.伽达默尔特别借重了柏拉图的"回忆"说。

这样一来，"真"和"真理"问题的探讨，就被超越了"科学"的及其相关的"逻辑"的、"命题"的局限，进入了"美"和"艺术"的及其相关的"感性"的、"本能经验"的领域。

H.-G.伽达默尔在哲学中，着重于从"说"的角度来解读"显现"；因此，对他而言，"美"就是对"真"的"诉说"；而这样的一种"说"，是"口语"，是"对话"，既不是"独白"，也不是"书写"。

### 2.2.3　艺术是科学、历史的"彼岸形态"

借助于"美"、"艺术"，H.-G.伽达默尔进入了"真"的世界，他"观看"着这种"真"、"诉说"着这种"真"；从而，"美"、"艺术"，就成为他的既区别于"科学"又区别于"历史"的一种可以提出"存在"与"真理"问题的"彼岸形态"。这样一种"彼岸形态"的确立，就成为 H.-G.伽达默尔的哲学区别于其他哲学体系的一个根本标志。科学哲学，是建立在科学（如数学以及物理学、生物学等自然科学）的理论成果的基础上的；历史哲学，是建立在历史社会科学的理论成果的基础上的；艺术哲学、美学，则是建立在美的、艺术的创作与鉴赏的成果的基础上的。

H.-G.伽达默尔曾经多次讲到过他的解经哲学的出发点。在这方面，M.海德格尔对他的影响毋庸置疑。一方面，M.海德格尔重建解经哲学，并想用它来改造现象学，成为其哲学思想的核心部分；另一方面，M.海德格尔把解经哲学的哲学思考的重点转向艺术作品和语言[31]。坚持以艺术作品和语言为思考重点的解经哲学，则成为 H.-G.伽达默尔哲学道路的一个重要标志。

不过，H.-G.伽达默尔并没有停留在 M.海德格尔已经取得的成果上面。他认为：M.海德格尔所做的，还不足以"能够从形而上学的和由形而上学中产生的近代科学的彼岸提出存在问题"。"历史性的生存方式并没有囊括一切。""一种名副其实的哲学解经学必须把关于艺术的真实性问题纳入议事日程。在这里，显而易见的是，真理并不受思维和命题的约束，而是具有一种存在的特性。因为，'真的'是艺术作品，既不是艺术作品的创作，亦非艺术作品的欣赏。"与此同时，"在艺术作品的本质中，不仅存在着它的自我表现，而且也一样具有那种不可揭示的、而只是一再自我显露的隐匿性。"[32]

正是在伽达默尔的哲学解经学里面，"艺术经验"具有了"左右全局的重要作用"（同上）。而"海德格尔在其早期完全没有顾及艺术"[33]。这就是二人在建立解经哲学初期的不同点。

为了纪念逝者，关于文艺作品中所呈现的"真的世界"，我转录刚刚去世的《百年孤独》的作者马尔克斯（G.G.Márquez）的这样一番描述。他说，他在文学作品中，在努力创造一种"乌托邦"，"那将是一个新型的、锦绣般的、充满活力的乌托邦。在那里，谁的命运也不能由别人来决定，包括死亡的方式；在那里，爱情是真正的爱情，幸福有可能实现；在那里，命中注定处于百年孤独的世家终会并永远享有存在于世的第二次机会。"[34]

文艺作品中所呈现的"真的世界"，超越着人们现实的实际生活。不过，对此也有其他不同的见解。M.韦伯说："一事物之可以为真，不但不因为其为不美、不神圣、不善所妨碍，而且唯其为不美、不神圣、不善，方可成其为真；这是一个极为平凡的道理。"据说，这段话的意思，是出自《圣经》。

接下来，我们继续讨论"真"；在文艺作品之外，还存在着别样的"真的世界"，例如在宗教之中。

### 2.3 与神、灵魂相关的"真的世界"（Die wahre Welt）

在科学、艺术之外，在自然、社会之外，还有一个"真的世界"；这个世界，也超越世俗、超越现实，甚至超越了文学艺术作品之中的"乌托邦"，而属于宗教的领域。

解经哲学，其起源，与神话、宗教有关。解经学这个德文词 Hermeneutik，它的词根是 Hermes。Hermes 是古希腊神话里宙斯的儿子的名字。凡人，听不懂神、宙斯的话，而 Hermes 既懂神的话、又懂凡人的语言；因此，他就负责：把宙斯神的话翻译、传达给凡人，让凡人能够听懂宙斯神的话。

显然，这里讲的是一种"人与神的对话"。因此，我们从"解释学"这个词的词根，就可以看出：这门学问与"神"密切相关。后来，"解释学"又成为解读《圣经》的一种方法，更加密切了与宗教的关系。

解经学，是关于"人和神的对话"的一种学问；而哲学的解释学（Philosophische Hermeneutik），就是把这样的一种"人与神的对话"放到哲学的层面上，进行哲学的考察、解读与发扬。这样的一种学问，逐渐从一种解读宗教经典的方法演变提升为一个哲学系统;这个工作,是由 M.海德格尔和 H.-G.伽达默尔差不多同时开始,最后由 H.-G.伽达默尔以《真理和方法》专著的形式来完成的。他们俩,主要把这种哲学系统作为一种艺术哲学;而我在本书中要做的是:由他们的艺术哲学出发,进而转向宗教哲学。再具体一点来讲,从他们所注重的艺术经验转向宗教体验,由艺术美育转向宗教信仰。

虽然,他们两位侧重于探讨美、艺术的问题;然而,他们的这种探讨又不能不常常涉及宗教的内容。就是在本书《美的现实性》中,我在本文第一部分讨论 H.-G.伽达默尔有关"美"的思想的时候,就涉及了:由对于"美"的讨论,H.-G.伽达默尔从"尘世"转向"天体"之后,进而又把视域转向了"天国"。对人的讨论,由"肉体"转向"灵魂";对哲学探讨,也因此由"艺术"而转向神话、"宗教"。

为此,我还引用了 H.-G.伽达默尔所援引的柏拉图对话《斐德罗》篇中的那段描述:"所有精灵的颇为壮观的行进队列,在这种队列中反映出日月星辰的夜幕。这是由奥林匹斯山诸神率领的向苍穹深处驰去的车列。人的灵魂也……"

H.-G.伽达默尔通过所引述的柏拉图对话《斐德罗》篇中的故事,把他对"真"、"灵魂"、"看"等问题的探讨,超越了艺术的领域,扩及到了"宗教"的固有领地,进入了"神圣之维"。对此,我再稍加总结,至少(即不限于)有以下几点:

一是,真:H.-G.伽达默尔提到了宗教有一种"天国"(或"西方极乐世界")设计,这种设计产生于与人间尘世的区别,人世是"虚幻的"、"无常的无秩序的",而"天国"则是"真的"、"恒定如一和固定不变的"。这样一种的设计,在中国佛教中也有,被称为"西方极乐世界"。

二是,凡人到天国,需要神这样的引路人:人对于这种"真的""天国"世界,只能在"神"(或"佛")的指引带领下,才有可能看见乃至到达;所以,"神"("佛"),是人的"灵魂"通往"天国"到达"真的世界"的领路人。

三是,灵魂:而这样一种"天国"的"看见"与"到达",也只限于人的"灵魂"或者说"心眼"而已;人的肉眼、肉身则完全没有可能。

四是,看(一瞥):而这样的一种"看见"与"到达",使得片刻脱困于"尘世"的人的"灵魂",毕竟由此而获得了一种"经验"。人的"灵魂",因为有了这种瞬间的一瞥,这一瞥尽管是那么的短暂与粗略;但是,他毕竟"见到"了"真的世界"!所以,他可以因此而重新回忆这种"真的世界"。正是在这种对"美"的探讨之中,人们获得了一种"真的世界"的"可见性"。由于这样的一种"可见性","真的世界"不再遥不可及。因此,"美"也就不再与"现实性"相对立。

佛教也讲"看(观照)",如《心经》第一句话就是"观自在菩萨,行深般若波罗蜜多时……"这里强调:"观"其"行",与所要"观"察的"行"。"行深般若波罗蜜多",讲的就是"修'行'"、"践'行'"的足够"深"度。而且,这里讲的"观",是用人的"'心'眼",并非"'肉'眼"。这个对"观"的强调,大概也与为突出强调"心"、"心眼"有关。更何况,有"观"才有下面的"照见"。

"看","'前'理论"的、"'非'概念"的"看"。普通百姓的特别是不识字的老百姓的"看",通常就是"'前'理论"的、"'非'概念"的。因此,对于老百姓而言,"'前'理论"的、"'非'概念"的"看",是生活的一种"常态",一种"自然的状态",是最熟悉的甚至是熟视无睹的"生活自在形态";也可以说,是人的一种"生存"的"直接经验"。

不过佛教讲"看(观照)"的时候,常常是讲"观""音";在佛教,"音",是用来"观"的,"听"也是"观"。因为,与"音"有关,有位菩萨遂称"'观'世音"。"'观'音",也符合中国的传统思想文化,例如:《易经》的"观"卦;老子说"故常无欲以'观'其妙,常有欲以'观'其徼";孔子不说"'听'乐",而说"'观'乐"。

五是,对于"真的世界"的"瞥"和一"瞥"之下的"回忆",就成为人通达"真的世界"的唯一途径。"一瞥",是瞬间发生的事情;这样一种"瞬间",佛教称之为"时","时"即修行、觉悟的最佳时机,这种时机可遇而不可求;或者,如中国古典诗词里所描述的"蓦然回首"。

佛教经典也强调"通达"、"到达彼岸",而且也是以"回"的方式。"回忆",自然是一种"回";而"回头是岸"、"蓦然回首",显然都是"回"。有人说:佛教的"修行",其实就是"回头是岸","回家";"岸"、"彼岸",并不一定是在"前方",并不一定是别的什么地方,并不是那种陌生的、从来没有见过、从来没有去过的地方,更不是那些虚构的地方;而是生你养你的家、故土,人总要"回家",落叶总要"归根",人老了也是"复归于婴儿"。

在这样的一种意义上,所谓"迷",就是"'迷'失"了"回家"的方向,找不到"回家"的路;'悟',就是重新找准了"回家"的方向,找到了"回家"之路。在人世红尘之中,因钱财色声之类的影响,人常常"'迷'失"了自己;问题就在于如何摆脱这些影响,重新"找回"自己,重新找到"回家"的路。

基于以上五点,结合中国佛教经典,我再略作展开。谈佛教,也从"真理"谈起。

生活中,尚有"无"的境界;这一点,西方人始终不怎么明白。

## 2.4 佛教的"真的世界"

不过,和古希腊的柏拉图、现代德国的 H.-G.伽达默尔根本不同,佛教提倡的"西方极乐世界",不限于短暂的"一瞥"与瞬间的停留,而是可以永驻的;到了那里,人就不再回人世间了。

然而,佛教又告诉我们:即便是"西方极乐世界",也并非那么遥远,也不那么伟大;也并非因为遥远与伟大而难以通达;恰恰相反,往往是因为它的极其普通、简单,反而难于发现、了解。在佛教徒看来,作为"真的世界"、真理,是普通又普通、简单而简单的;正因为极其普通、简单,所以离人也很近很近,还使人视而不见。正如敦珠仁波切所说:"正因为真理这么简单,所以人们无法了解;像是我们的睫毛,它这么靠近,以至于无法看见它。"

当然,佛陀对真理的认识,也是有一个过程的,原来也曾认为真理是遥远而又难寻的;所以,他走了那么多的地方,拜访了那么多的名师又读了那么多的经典,结果并没有找到。他找得那么辛苦,最后精疲力竭,没有一点力气也没有一点再找的念头,颓然坐在菩提树下,目睹天空明星而忽然顿悟。原来,真理竟是这般的近!这般的简单!

这是获得真理的截然不同的两种道路!解读《美的现实性》,就要在这样的两种道路的比较中进行。对于那些本来就很平常、很简单又离人很近的东西,人们习以为常了,往往视而不见、听而不闻。"真理"也是这样,本来就很平常,很简单,又离人很近。也许,正是因为太平常、太简单又太近了,人们往往视而不见、听而不闻,竟得不到一般人的重视与关注,不着力去理解与证悟。

佛教的真理,究竟怎么普通、简单?到底离我们有多近?我们人的日常生活,普通吧!简单吧!离我们每一个人都很近(谁也离不了)吧!真理,就在我们人人每天都不能没有的最普通的衣食住行之中。佛陀本身,为众弟子和众生弘法,就是从人的最平常、最普通的日常生活的小事情入手的。在《金刚经》开篇,描述了佛陀每天的起居饮食:"尔时,世尊食时,着衣持钵,入舍卫大城乞食。于其城中次第乞已,还至本处。饭食讫,收衣钵,洗足已,敷座而坐。"到了吃饭的时候,佛陀自己动手,着衣、持钵、入城挨家挨户乞食、回住所、饭食、洗漱、敷座而坐。都是凡人小事,都是自己动手,都是普通人每天要做的事情。佛陀虽然已经成了佛,但依然不离众生,不离普通人的生活,而是回到这种生活。佛在这里的所作所为,就是要告诉我们:真正的道场,不在别处,就在你每天要过的现实生活之中;他以自己的身体力行来呼吁人们:回到自己的实际生活中去修行。

佛陀,是伟大的人、得"道"之人,却又是这么普通、平凡、简单。不过,在我们身边的一些艺术家、学者,把伟大的人、得"道"之人却说的那样不一般、不平凡、不简单,这是一种"误导"。真正得"道"、懂得"伟大"的人,应该把自己和他人引向普通,引入普通人群;就像佛陀所为:不分贫富贵贱地,天天把弟子们引向众生。

众弟子中,须菩提就是从佛陀的这样一种"凡人小事"当中"看"明白了佛陀的良苦用心、佛陀的"护念"和"付嘱"[35]。能"看"明白这些,首先这种"看",是"'前'理论"的、"'非'概念"的"看"。普通百姓的特别是不识字的老百姓的"看",通常就是"'前'理论"的、"'非'概念"的。因此,对于老百姓而言,"'前'理论"的、"'非'概念"的"看",是生活的一种"常态",一种"自然的状态",是最熟悉的甚至是熟视无睹的"生活自在形态";也可以说,是人的一种"生存"的"直接经验"。

事实上,许多的高僧大德,他们的与常人不同之处,不是不去做这些凡人小事,而是如何做好这些事情,仔细认真地做,重视和关注那些平常、简单和近距离的东西,并能从中揭示真理。

例如中国禅宗六祖慧能,在五祖讲《金刚经》的时候,他当下顿悟:"一切法不离自性","何期自性,本自清净;何期自性,本不生灭;何期自性,本自具足;何期自性,本无动摇;何期自性,能生万法。"(《坛经》之《行由品第一》)

是啊!人们往往就像六祖慧能所感慨的那样:离得这么近的"自己的本性",却"看"不明白,竟是如此"清净"!而且一切"自足"!!"能生万法"!!!可是,有多少人并不明白,迷而不悟,反而舍近求远。

也正如五祖弘忍所说:"不识本心,学法无益。若识本心,见自本性,即名丈夫、天人师、佛。"(《坛经》之《行由品第一》)能否"识本心"、"见本性",是"学法"、"成佛"的关键。只有掌握了这样一个关键,才有可能得法、成佛。我们做一切事情,都需要掌握这件事情成败的关键所在。

### 2.4.1 "净土"

佛教,也在告诉世人以"人生与世界的真相",让大家"明白人生与世界的真相";因为,对于佛教而言,人们只有明白了这些"真相"之后,才有可能真正走进"解脱"的佛门。因此,"真"、"真实"、"真相"、"真理"诸问题,就成为佛教的思想、理论、哲学的基本点。

相对于西方的"天国",佛教也提出了"净土"(即"西方极乐世界")的概念。但是,不要到别的地方去找净土,你现在所在之处就是净土,你现在所在之处就是西方极乐世界;不要到身外去找佛陀,你自己就是佛陀,你自己就是阿弥陀佛。相比之下,人的内心这块净土才真正重要。古希腊的普鲁塔克就曾说过:我们内心获得的,将改变外在的现实。我们的内心,具有超越现实的强大力量。

在《吾国吾民》中,林语堂也曾这样说过:"一个人彻悟的程度,恰等于他所受痛苦的深度。"

### 2.4.2 "净土"般的心境:从"改变"到"接纳"

一位西方哲学家曾经说过:人应该"始终只求战胜自己,不求战胜命运;只求改变自我的欲望,不求改变世界的秩序"。

在举世闻名的威斯特敏斯特大教堂地下室的墓碑林中,有一块极普通的无名氏墓碑,而且又是放在英国二十多位国王和牛顿、达尔文、狄更斯等名人的墓碑之间,更显得微不足道。然而,就是这样一块墓碑,竟吸引着每一个去大教堂的人,使他们的心灵深受震撼!震撼他们的,是这块墓碑上的这样一段文字:

> 当我年轻的时候,我的想象力从没有受过限制,我梦想改变这个世界。当我成熟以后,我发现我不能改变这个世界,我将目光缩短了些,决定只改变我的国家。当我进入暮年后,我发现我不能改变我的国家,我的最后愿望仅仅是改变一下我的家庭。但是,这也不可能。当我躺在床上,行将就木时,我突然意识到:如果一开始我仅仅去改变我自己,然后作为一个榜样,我可能改变我的家庭;在家人的帮助和鼓励下,我可能为国家做一些事情。然后谁知道呢?我甚至可能改变这个世界。

据说,年轻的曼德拉看了这段碑文,从中找到了改变南非的金钥匙,并成功地改变了南非。

这是一种"'改变'观",并且强调"改变"要从"'改变'自己"做起。

这却是一个微不足道的无名的普通人说出来的。很多人都持"'改变'观";对此,佛陀则提出了一种"'接纳'观",一位朋友在微信群里给我转述了这样一个故事:

　　从前,有一位王子,他在踏上人生旅途之前,问他的老师释迦牟尼佛:"我未来的人生之路将会是怎样的呢?"

　　佛陀回答说:"你在人生之路上,将会遇到三道门,每一道门上都写有一句话,到时候你看了就明白了。在你走过第三道门之后,我将会在第三道门的旁边等你。"

　　于是,王子上路了。不久,他遇到了第一道门,上面写着:"改变世界。"王子想:我要按照我的理想去规划这个世界,将那些我看不惯的事情统统都改掉。于是,他就这样去做了。

　　几年后,王子遇到了第二道门,上面写着:"改变别人。"王子想:我要用美好的思想去教化人们,让他们的性格向着更正确的方向发展。于是,他就这样去做了。

　　又过了几年,他遇到了第三道门,上面写着:"改变你自己。"王子想:我要使自己的人格变得更完美。于是,他就这样去做了。

　　之后,王子就又见到了释迦牟尼佛,他对佛陀说:"我已经经过了我生活之路上的三道门,也看到门上写的启事了。我懂得与其改变世界,不如改变这个世界上的人;与其去改变别人,不如改变我自己。"

　　佛陀听了微微一笑,说:"也许你现在应该往回走,再回去仔细看看那三道门。"

　　王子将信将疑地往回走。远远地,他就看到了第三道门,可是,和他来的时候不一样,从这个方向看过去,他看到门上写的是"接纳自己"。王子这才明白他在改变自己时,为什么总是处在自责和苦恼之中,因为他拒绝承认和接受自己的缺点,所以他总把目光放在他做不到的事情上,而忽略了自己的长处。于是,他开始学习欣赏自己、接纳自己。

王子继续往回走,他看到第二道门上写的是"接纳别人"。他这才明白他为什么总是满腹牢骚,怨声载道:因为他拒绝接受别人和自己存在的差别,总是不愿意去理解和体谅别人的难处。于是,他开始学习宽容别人。

王子继续往回走。他看到第一道门上写的是"接纳世界"。王子这才明白他在改变世界时为什么连连失败:因为他拒绝承认世界上有许多事情是人力所不能及的,他总要强人所难,控制别人,而忽略了自己可以做得更好的事情。于是,他开始学习以一颗宽广的心去包容世界。

这时,释迦牟尼佛已经等在那里了,他对王子说:"我想,现在你已经懂得什么是和谐与平静了。"

这个故事告诉我们,王子开始所走的那三道门,正是威斯特敏斯特大教堂地下室的墓碑林中那块无名氏墓碑要告诉我们的:"与其改变世界,不如改变这个世界上的人;与其去改变别人,不如改变我自己。"而王子往回走时,所看到的三道门上所写,恰恰不是"改变",而是"接纳":"接纳自己"、"接纳别人"、"接纳世界"。能否做到"接纳"?前提是要能"实事求是",要能"宽容";要做到能"宽容",就得能有一个博大的胸怀、谦虚的态度、清净的心境。而这样的一种"心"、"心境",按照佛教的说法,是人本来就有的;人需要做的,只是"回到"这样的一颗"心"、这样的一种"心境"。

在佛陀看来,"改变"和"接纳",是一道门的两面。

2.4.3 "逗留"与"回忆"、"回头"

柏拉图的"回忆"说以及 M.海德格尔、H.-G.伽达默尔的相关解读、阐发,可以与中国道家、佛学进行互释。

2.4.3.1 海德格尔的"感恩"与伽达默尔的"回溯"

M.海德格尔把"思想"(denken)和"感恩"(danken)联系起来,强调了"眷恋"、"回顾"的意思。H.-G.伽达默尔则干脆重新推出柏拉图的"回忆"说，并且在哲学的思路上采用了"回溯"的形态，典型一例就是从黑格尔的"辩证法"（Dialektik）回溯到柏拉图的"对话"（Dialog）。

而佛教强调"回头是岸"，往"回"走、回到自己的起点、"初心"（那颗未经人世间世俗生活污染的心）。这样一种的"回顾"、"反观"，看起来是"退"，实际上是"进"，是对自己的进一步的深入"观照"。

### 2.4.3.2　"回家"、"回头是岸"

通常，把"波罗蜜"译成"渡达彼岸"；但在我看来，这个"彼岸"，可以是"向'前'"的，也可以是"'回'头"的，例如："苦海无边，回头是岸"，"回头"也是"岸"啊！还有："众里寻他千百度，蓦然回首，那人却在灯火阑珊处！"发现，有的时候，只需要"回首"。

甚至，我们非常熟悉的德国古典哲学集大成者黑格尔也曾说过："世界精神太忙碌于现实，太驰骛于外界，而不遑回到内心，转回自身，以徜徉自怡于自己原有的家园中。"以内心作为"自己原有的家园"，从"驰骛于外界"转而"回到内心"、"回家"，这岂不也正是佛教的路径？而这个"回到内心"，在中国佛教看来，就是"回到"我们每一个人生来就有的那颗一尘不染的"清净"、"美好"的"心灵"。

"家"，是温暖的、安全的"港湾"；说它温暖、安全，是因为能遮挡、躲避风雨。所以，"到家"了，也就"安全"了；"安全"了，也就"心安"了。"安心"，是禅宗主旨。"拈花微笑"，佛陀与迦叶"心心相印"的故事，达摩与中国禅宗二祖的"安心"的故事，都是"以心为宗"；而"家"，人人都视作温馨、安全的避风港，"此处心安是我家"，自然也是每个人的"安心"、"心安"之所。

### 2.4.3.3　"回到""真正的"中国传统思想文化

"温故而知新。"有人认为，今天我们现实生活中的种种危机，有思想的原因；具体而言，就是近代的依托自然科学的思维和智慧。这种思维和智慧的特点，就在于重概念、逻辑、理论；那么，可否借助那些被遗忘了的古代智慧，来解决今天的危机？碰到危机，能否解决？解决不了,就意味着失败乃至死亡;解决了,就是一次新生,这实际上也就是一个能否"'再'生"的问题。在这个意义上,"'再'生"就是一种"当下轮回"、"今生轮回"。

人们试图借助古代的智慧,来解决今天的危机。于是,人们重提古希腊的柏拉图,乃至回到柏拉图之前。H.-G.伽达默尔,就是其中之一。在欧洲哲学中,崇尚概念、逻辑、理论的倾向,有人认为是柏拉图开始的;因此,要弄清这种倾向的问题根本所在,往往需要回到柏拉图。

重思辨、概念和逻辑的哲学的绝对性、彻底性,以及由此所导致的不可避免的片面性和失误,体现在即使是讨论"现实"问题,也是脱离人的"现实"的,特别是脱离人的实际的日常生活的。这在"现实性"这个范畴上,也得到了充分体现。也正因为此,我们通过对"现实性"的再讨论,力图纠正此种哲学的偏颇。

在讨论哲学与现实的关系时,在德国古典哲学中形成了一条重思辨、概念和逻辑的路径。由此,人的生命、生活,就成为思想、观念与知识的,是一种以思想、观念、概念、逻辑构成的世界中的生命、生活。"现实性"(Aktualitaet 或 Wirklichkeit),在德国古典哲学中,是思辨的、概念的、逻辑的,形成了一种由概念、逻辑对"现实"进行思考、把握的思维模式与话语系统。"现实性"涉及与"现实"的"思想世界"、"科学世界"、"艺术世界"、"世俗生活世界"的种种关系。

而人们的实际生活、日常生活,是随机的、琐碎的、片段的、瞬间的、当下的;并不被概念、逻辑、理论所导引、控制。

在"世俗的生活世界"中,人们首先是按照实际的生活需求、生活环境、所遇到的实际事情、瞬间的变化,来行动、思考、发表见解的。包括当代的诸种现实问题乃至危机;即便是以往面对现实问题和危机的哲学思想,且已被证明了能解决问题和解除危机的,在不同时代的今天,还是否继续有用、有效、可行? 这里,也包括了传统思想文化能否有助于解决现代社会危机的问题。

### 2.4.3.4　人生的"过"和"逗留"

人生毕竟是有限的;死亡,是人所无法避免的。人能否获取"永久"？按照 H.-G.伽达默尔所说,在"逗留"中可得"永久"。

人生,犹如"过节"。"'过'节"的"过",至少是从"节庆"的开始、继续到结束,"时间"上有一个"'过'程"。就像 H.-G.伽达默尔所说的,"看"画、"游览"建筑物,都有一个"时间'过程'"。"游览"建筑,"就得走近、走进去,再走出来,再围绕着它们转转"。这样一个的"'过'程",用 H.-G.伽达默尔的另外一个重要的词来讲,就是:"逗留"。在《美的现实性》中,他强调说:"一些可持久的东西,就逗留这一瞬间。""暂时存在稍纵即逝的东西,被变成了一种永久存在、持久不变的创造物。"

值得注意的是,他讲的这种"逗留",不是那种"物理的时间"。如果想要学会"逗留"、懂得"欣赏",就得彻底摆脱"物理的时间关系"。在艺术赏析"'过'程"之中,对于"艺术作品的重建"、"艺术作品的美的获得",H.-G.伽达默尔特别强调了:"只能通过内在的听觉","只有在这种内感官的完美性中产生的东西,而不是表演、表现或戏剧效果本身,才为艺术作品的重建提供了基石"。

"听",自然还有一个是否"会听"的问题,这就需要"把一切变得听而不闻、视而不见的东西,从正在扩展为越来越有魅力的文化的事物中提取出去"。

在佛教里,这就需要打开"慧眼"、"心眼"。"慧眼"、"心眼"打开了,才有可能"照见五蕴皆空"。

### 2.4.3.5　人生"无常"

"习俗",对人生有潜移默化的作用与影响。禅修,藏文的意思就是"习惯",也就是你要让自己去习惯、去练习、去完全转化我们的烦恼。

因此,如何在中国传统思想文化以及当前的生活环境与语境中,展开这种关于"存在方式"的对话,是我 1990 年从德国回到中国以后的思考侧重点。我曾碰到柴中建先生,相谈甚洽,他示我大作《悟象》,顿使我们俩的对话突显"澄明境界"。下面这些文字,是我对老柴思想的一种"改写":

在文中,根据老子和佛教思想,老柴提出了"常"、"非常"、"无常"三个词并挖掘其不同意义。我顿然觉得:用这三个词来表述事物的不同的"存在方式",是再合适不过了!"常态","非常态","无常态"。我要强调的是:按照佛教经典《金刚经》的理念,这只是一种"表述",只是我们对事物的一种"看法";这种"表述"、"看法",是出于我们对事物的"感受",并不代表是事物的本来样子、本来面目。

对于事物存在方式,我们可以作出这样的表述:一是事物的存在,有"常态"的;二是也有"非常态"的;三是这一切,从根本上来讲,都是"无常"的。常、非常、无常,是看世界的极为不同的态度和视角。"常",证其知;"非常",探其玄;"无常",悟其空。这三种关于世界的观念,大体上体现着:一是通过对常态事物和相关知识的论证,体现"证其知"的科学精神;二是以非常态的视角入幽揽胜,展示"探其玄"的生活奇妙与审美情趣;三是以无常生灭的终极,达成"悟其空"的"出世智慧"。其中,"非常"是中国道家的精髓,"无常"是佛家的根本。两者都在与以"常"的区别之中,揭示更为深刻的特别是"隐秘"的层面。不过,"无常"似乎比"非常"走得更远,所以在学理上,可以把佛教的"无常"的"空"看作是道家的"非常"的"玄"的更深入的发展。藏传佛教追求"明空双运",有助于对"空"的再突破。

而对于"人生","无常"的说法是最适合的。生老病死,"人生"充满着不测、苦难和危机。这就产生了一种必要,在生老病死的人生实际遭遇中体悟"空",追求"明空双运"。

### 2.4.3.6　危机和再生

面对这样的一种"人生",一个人的再生能力至关重要。例如,一个人经商失败了,甚至一败涂地;在这种时候,能否重新站起来,找到一条生路,东山再起。我看到不少人,从此趴下了;甚至,还有人因此自杀。但是,我也看到有些人重新站起来了,发展壮大。史玉柱就是一个比较典型的例子。"重新站起来",就是走向新的生活,就是"重新活着",就是"再生"。一个人的真正人生,是在不断地进行新陈代谢,不断地"再生"、"再起动"。

这么来看,一个"再"字,何其了得!从哲学的层面来看,"再"字,也能成就一门大学问!我的老师H.-G.伽达默尔强调"再"认识,甚至认为:人的"认识",就是一种"'再'认识"。比方说,在路上或者交际场合,你碰到一个人,你说你认识他,那就是因为你曾经见过他,这次见面是一次"再"见面,这次认识是一次"再"认识;换句话说,是"重新"认识。仿照这样一种说法,对于"生活",我们也可以说:"生活",就是一种"再生活"即"再生"、"再起动"。

面对当代的危机,人们思索着种种解决方案。而最重要的,那就是:人们如何在这种危机目前,重新站起来,找到一条新的生路,一条"'再'生"之路。包括借助古代的智慧,来解决今天的危机,也是一种"再起动"。

非常耐人寻味的是:每一个人的出生,都不是他自己选择的、决定的,他自己做不了自己的主。不管是说,人是父母所生,还是上帝造人;总而言之,人不是他自己创造的。所以,人之所生,不是他自己。人面对的自己,是已生的。

但是,人一旦脱离了母体,就得靠他自己了,甚至得完全靠他自己了。比方说,人从一生下来,吃、喝、拉、撒、睡,都得靠他自己了,母亲不能代替,任何人都不能代替。因此,"再生"能力的强弱,对于人生的继续,对于人能否健康持久地生存发展,都至关重要。

从这个意义上,我们可以说:"再生",才是人生的主题。过去,太多地去探究人是怎么来的、是谁创造了人,这对于人生的讨论,似乎是跑了题。

### 2.4.4 走向"内心"

在《美的现实性》中谈到感受一种"与实际发生在我们感官面前根

本不同的东西时",H.-G.伽达默尔强调了"内感官"、"内在的听觉"、"真正的艺术经验",只能产生于这种"内感官":

> 音乐作品的原时,诗歌作品的本征语调,都是人们必须找到的,而且只能通过内在的听觉来获得。只有当我们用自己内在的听觉听出与实际发生在我们感官面前根本不同的东西时,每一种表演、每一次诗的朗诵、一切有著名的戏剧表演的、语言和歌唱艺术大师参加的演出,才会为我们提供那种真正的对作品的艺术经验。只有在内感官的完美性中产生的东西,而不是表演、表现或戏剧效果本身,才为艺术作品的重建提供了基石。

联系我们在前面引用过的 J.赫尔德关于语言与声音、生命的话语,我们可以更加深入地理解 H.-G.伽达默尔为什么强调"内感官",为什么说"只能通过内在的听觉来获得"了。"内在的听觉",是"心"中的、发自"内心"的,是"用'心'"来"听",由此产生一种出自于"内心"的"共振",和"内心"同一"频率"。

每一部佛经,差不多一开始都有四个字"如是我闻";这里的"闻",讲的就是那种区别于日常世俗生活的"听",强调的就是"内在的听觉",强调"用'心'"来"听"。佛教中,还喜欢讲"观照",声音是可以"观"的;这样一种的"观",不是用"肉眼",而是用"心眼"、"慧眼"。

### 2.4.4.1 心与思想

人"心"是什么? 按照中国的传统思想文化:"心之官则思"[36]。中国的"思想"二字,下面都有一个"心",似乎是在告诉我们:"思想",是以"心"为根基的。西方人着眼于"思想",有的甚至把哲学说成是"思想的思想"。可是,"思想的思想",归根究底,还不是"思想"吗?这样一种思维方式,逃不出"思想"的局限与羁绊,得换一种思维方式才行。而哲学,之所以有存在的必要,就是因为它能够不断地转换思想方式,超越局限与羁绊。

诚然,相比之下,着眼于改变自己的思想观念,要比去掌控命运,确实便捷、可控、可行得多。因为,"人不是而且永远不是他自己命运的主宰:因为人的最高理性乃是经由引导进入可习知新事物的未知和不可预见境况中持续不断进步的"[37]。

这在经济、社会与政治的领域,也是一样。这些领域的一些学者重视人的思想观念,提倡去研究构成人们行为和构成社会制度运行的思想基础,关注思想观念在改变人类社会制度中的重大作用。

例如,著名经济学家J.凯恩斯曾经说:思想,"世界就是由它们所统治着","与思想的逐渐侵占相比,既得利益的力量是被过分夸大了","危险的东西不是既得利益,而是思想"。

J.凯恩斯的论敌F.v.哈耶克也认为:"观念的转变和人类意志的力量,塑造了今天的世界。"

他还以此批评了"理性":"那种认为人作为存在可凭借其理性而超越他所在的文明的价值观并从外面或一个更高的视角来对其作出判断的空想,只能是一种幻觉。我们必须知道,理性自身也是文明的一部分。我们所能做的,只能是拿一个部分去应对其他部分。就是这个过程也会引发持续不断的互动,以至于在很长时间中可能会改变整体。但是在这一过程的任何一个阶段,突发式或完全重新建构整体是不可能的。因为我们总是要应用我们现有的材料,而这些材料本身就是一种演化过程的整体的产物。"

在哲学领域里面,把"思想"放在首位的,莫过于17世纪的法国哲学家R.笛卡尔了。他的一个主要哲学命题,就是人的是否以及能否"存在",要靠人有没有"思想"来决定,即"我思,故我在:Cogito,ergo sum"。

M.海德格尔在差不多两个世纪之后,又提出:形而上学(哲学)已经死了,因为它"'无'思想";哲学家们的要务,就是去启动"思想"。"思想"一词的德文的动词是denken,他从词源的角度联系danken(中文的意思是"感恩"、"答谢")来解读。在哲学领域,他不仅仅突出强调了"思想",而且还把"思想"和"感恩"、"回报"作互动解读,具有浓厚的"宗教"和解释学意味。

### 2.4.4.2 心有真妄

当人有问题、有困惑、有疑虑的时候,就会有思考、产生思想。例如,会有这样的一个问题:"什么是世界的真相?"

为了回答这样的问题,人们常常去读佛经;然而,佛经大都以"如是我闻",这是在强调:当时就是这样听到的,如是做了记录;这些佛经的记录者,都不是去突出自己了解佛陀究竟讲了一些什么,而只是强调听到了些什么、如实记录了佛陀当时是那么说的。这就有点像过去中国的私塾教育那样,让孩子们去背诵"四书五经",背诵者却并不需要懂那"四书五经"到底在讲些什么。

"什么是世界的真相?"在回答这个问题的时候,佛教认为:"世界"本"不存在"。并不否认,现象是由某种真的显现("相由心生");但是,却认为:这些现象(相)只是假象,往往起着掩盖、歪曲"真"的作用。

"世界"是人的"心"创造的。"世界",既是"心"的创造,也由"心"来感受,又由"心"来毁灭。这样一种人"心"所创造的"世界","既不是物质,也不是精神,更不是物质和精神的集合体,而是一种幻象"。因为,人有"心",才会产生幻象;没有"心"的东西,不会产生幻象;这样一种的幻象,构成了"世界"。"世界""原本不存在",是"我们的心无中生有"。"内心首先创立一个世界,然后由它自己去感受。如果心不感受,任何人都不会知道世界的存在。"人一旦体悟到了"世界"的幻象本质,就会毁灭这个"世界",也只有"心"的能量才有可能去毁灭"世界"。也就是说,"世界"的是否"存在",完全取决于"心":"心"的创造、感受、毁灭。

从这个层面上来看,佛教的思想理论基础是"无"即"'不'存在",而不是"存在"即"有",更不是"意识('已知的'存在)",也不是 M.海德格尔的"此在"(Dasein)。在《美的现实性》的中译本前言中,H.-G.伽达默尔认为:M.海德格尔的"此在"(Dasein)及其"时间性","为现象学的建立,打下了一个更加广阔的并被实际经验所充实的基础"。不过,随即,H.-G.伽达默尔又质疑:"但是,这个基础有足够的承载能力,以致能够从形而上学的和形而上学中产生的近代科学的彼岸提出存在问题吗?"

H.-G.伽达默尔自问自答,他认为不能。在《美的现实性》中,他所认定的"近代科学的彼岸",并不是"历史性的生存方式",而是"艺术"。在此,他把"艺术"和"历史"区别开了:"艺术的以及从艺术中显示出来的难以把握的真实性和智慧的领域,仍然保持着一种历史性的彼岸形态。"因此,"一种名副其实的哲学解释学必须把关于艺术的真实性问题纳入议事日程"。以此,突出"真理"的"存在的特性"。不过,正是这样一种的"真实性"和"智慧"的讨论,在我们看来,将远远超越了"艺术"的领域,而拓展到"宗教"中去。

因此,最有资格作为近代科学的彼岸形态的,似乎不是"艺术",而是"宗教";在宗教中,有着更加难以把握的"真理"和"智能"领域。这也是我在本书着重加以讨论的。

### 2.4.4.3　"初心"

"初心"一词,出自《华严经》:"不忘初心,方得始终。"日本禅师铃木俊隆,1959 年他抵达美国,决定在美国传播禅宗。因为,在他看来,美国人也有佛性;他牢记着六祖慧能的话,在《坛经》里六祖慧能说过:"人虽有南北,佛性本无南北。"《禅者的初心》,就是铃木俊隆禅师为那些对佛学一窍不通的美国人写的英文入门读物。所谓"初心",按照六祖慧能的精神,便是没有经污染的最初的那颗"自性本自清净"、"本无一物"、"一尘不染"之"心"。

在《禅者的初心》之中,铃木俊隆写道:"做任何事,其实都是在展示我们内心的天性。这是我们存在的惟一目的。"这也许可以解释为:所谓"存在",就是"我们内心天性的展示"。这是佛教的"存在论",它重新定义了"存在"和"存在论"。S.乔布斯,是铃木俊隆的学生,终其一生,他都是在实践铃木俊隆禅师的这句话。

美国总统奥巴马,曾经这样来评价 S.乔布斯:认为他重新定义了

"世界"与"世界观":"他改变了我们的生活,重新定义了整个世界,并取得了人类历史上极为罕见的成就:他改变了我们看世界的方式。乔布斯位列美国最伟大的创新者行列,他勇于以不同方式思考,敢于相信自己能改变世界,足够睿智实现自己的想法。通过在自己的车库里建立世界上最成功的公司,他形象地展示了美国创新精神。通过制造个人计算机以及把互联网装入我们的口袋,他不仅仅使信息革命触手可及,而且变得直观、充满乐趣。"

### 2.4.4.4　人心"本自清净"

这个"初心",本来就是"本自清净"的。尽管红尘滚滚,而人心、人的本性"本自清净",出污泥而不染。所谓人心、人的本性"清净",就是"一尘不染",就像中国禅宗六祖慧能所言:"菩提本无树,明镜亦非台。本来无一物,何处惹尘埃?""何期本性,本自清净?!"

这样的人心人性,是"天然去雕饰"的。这个"心",有人称之为"灵魂"或者"灵"。每一个人,首先就是要找到、找回这个"心"、"灵"、"灵魂",以这样一个原初的未被污染的"心"、"灵"、"灵魂"去直接接触事物、观照事物;所谓"直接",就是"当下",不借助于中介,不假思索、不作任何加工整理。这个时候,人所产生的"触动"、"感觉",也都是"当下"的、"原初"的、"原创"的。这就是不掺杂任何别的东西、没有任何污染与遮蔽的"真实",人生的"真实",生活的"真实",发生的"真实",感受的"真实"。换句话说,人应该按照自己的本性、本色、本来面目去处世为人,不遮不掩,不增不减,真实自然、真诚坦荡、光明磊落。

"心"的本性:空。"空",不是"什么都没有",而是"照见五蕴皆空"。人,常常被现实生活的事物所污染、所遮蔽、局限、束缚,从而迷失了自己的本"心"、"灵"、"灵魂"。一旦恢复重获自己的本"心"、"灵"、"灵魂",就能看破、看透"五蕴",就不再被"五蕴"所污染、遮蔽、所局限、所束缚。这样,就没有了污染、遮蔽、局限、束缚,就有了更大的空间以容纳更多的东西,就有了更多的可能性和可行性,更深广的变化和自由自在。

没有了污染、遮蔽、局限、束缚,就能直面己心,就能"调服自己的内心,并最终""证悟心的本性是空性";"然后,就在空性的境界当中安住"。[53]调服内心,大致经过四个阶段:对立(内心的对立、反抗)、失力(内心虽仍有对立、反抗,但已心有余而力不足)、和睦(内心服从、配合)和解脱(进入大圆满的境界)。

破除"执着",最终也就没有了清净与不清净的分别,唯有如来藏、大光明、大空性。不但"'不'执着",而且"'无'常"、"'无'我",成就没有自我存在、自我决定的永恒。

在上面4个阶段中,心的本性一直没有变化,一直是清净光明的。

### 2.4.4.5　人心需不断地"历事磨炼"

这又是从人心的"后天"而言。从"后天"来讲,尽管如此,"心"还需要"历事炼心"。

六祖慧能在黄梅只住了八个月,跟五祖见过三次面;而神秀跟五祖几十年,修学都不错,能够代替五祖说法。五祖年纪大了,不是很重要的人与问题都是先去见神秀,在那里就解决了。可是,衣钵并没有传给神秀,而是传给慧能了。

得传衣钵之后,很多人以为就可以从此无人能敌、不再有艰难险阻。事实证明,这是一种误解。慧能接受五祖传承的衣钵之后,仍需历事炼心,提升境界与功夫。为躲避追杀,六祖慧能隐居了十五年,弘法迟了十五年。但是这十五年确实成就六祖的真实功德,这十五年他不断在提升境界与功夫。他修什么?《华严经》末后善财童子五十三参,历事炼心。他在一切顺逆环境里头,练什么?练真心用事,那是真修行、真功夫。日常生活、待人接物完全用真心,把妄心淘汰得干干净净。妄心是什么?起心动念、分别执着。从早到晚,起心动念跟《金刚经》相应、跟《楞伽经》相应,这叫大修行人。没有经历过的事情,都不敢保证他不会变,一定要境界现前,看你会不会变?

有大成就者,往往必经大磨难。这在人们的世俗生活中也是如此。历事炼心是真修,《华严经》最后"入法界品",讲到证果。《华严经》这么一大部,清凉分作四分,信、解、行、证,末后叫"入法界品",入是证,善财就表示证。五十三位善知识,就是世间男女老少、各行各业,你去参访,你跟他们去接触,你动不动心?你亲眼看见,亲耳所听,真正练到不起心不动念、不分别不执着,真成就了。不通过这个,那四个没有经过考验,还不能承认你。必须真正经历过,确实不起心不动念,你才真的成佛了。

"历事炼心",就在日常生活中。虚云大师说:"'道也者,不可须臾离也。'所以道人行履,一切处、一切事,勿被境转。""佛教初创,要比丘三衣一钵,日中一餐,树下一宿,虽减轻了衣食住之累,但还是离不了它。""世界上人由少到老,都离不了衣食住三个字,这三个字就把人忙死了。"不过,"'衣食住'三事本来是苦事情,为佛弟子不要被它转。""出家人不能和俗人一样,光为这三个字忙,还要为道求出生死。"

"古人为道不虚弃光阴,睡觉以圆木作枕,怕睡久不醒,误了办道。不独白日遇境随缘要作得主,而且夜间睡觉也要作得主。""一睡醒就起来用功,不要滚过去滚过来,乱打妄想以至走精。妄想人人有,连念佛也是妄想;除妄想要做到魔来魔斩,佛来佛斩,这才脚踏实地,不怕念起,只怕觉迟。如此用功,久久自然纯熟。"

#### 2.4.4.6 人的自我建构

在《美的现实性》中,突出强调了"有机"生物体结构的生命基本特征,从生命的基本功能的角度来阐发"游戏"、"象征"、"节庆"这三个基本范畴。

其实,佛经里面,也曾揭示过这些道理。释迦牟尼历尽艰辛、遍访名师、博览群经,一无所获;却在菩提树下突然顿悟,这一觉悟成佛的历程表明:人的觉悟成佛,不是事先设计和精确规划的结果,而是自然而然的,不期而至、在不经意间突然实现的。

同时,他觉悟成佛之后,依然每天挨家挨户乞食、生活在众生之间;这又告诉我们:觉悟成佛之后,仍需在日常生活中"历事炼心",不断进行"自我建构"。因为世事的"无常",给世人带来了困扰与不安,这是世人实际生活中的"事实";如何获得平安、安全? 这又是世人在日常生活中所迫切需要解决的问题。人们就是在现实的实际生活中进行着诸如此类的"历事炼心",不断地"自我建构"。

其实,人生一开始就处在不安全和种种外在威胁之中;婴儿一离开母腹、没有了母腹的包裹和庇护,就拼命挣扎和大声哭喊:苦啊! 苦啊! 苦啊! 不安全,就是苦;无常,就是苦;没有庇护,就是苦。人生从一生下来开始,就是一个苦难的历程。人由幼到大到老,不断地经历无常、不安全、苦难,"历事炼心",保持一颗童真、赤子之心,这正是佛陀所教导的。

特别需要指出的是,人的这样一种"自我建构",不是人的事先设计、理性规划的结果,而是人的行为的自然形成、在人世间生活中的"实际发生"。所有这些世事的"无常"、困扰与不安的产生,乃至问题的解决,往往并不是根据人为的预见、计划;恰恰相反,它们的发生,却只是一种突然的遭遇,不期而至,完全在人们的意料之外,非人所能为,而是自然而然的。

人类社会及其相关制度的形成,不是由某部分成员的事先设计而成,往往也是由该社会各成员之间的互动博弈适时而成,究竟什么时候形成,也是人们不能事先预测的,也往往是不期而至、突然降临的。这样一种的"历事炼心"、"自我建构",强调的是:不期待外在因素,不寄希望于人为,而是勇于直面现实与实际的生活,当下担当。一些经济学家、社会学家,也是采用了生命体的"自我建构"等等,来解释经济和社会现象。

C.门格尔(Carl Menger)强调"自然变化过程",他在《关于社会科学尤其是政治经济学方法的探讨》中说:"有些人把一切制度归功于积极的公共意志之活动,这是错误的","制度乃是于不经意间形成的"。"如果我们认真地观察,就会发现,大自然中的有机体的每个部分,相对于整体来说,几乎毫无例外呈现出实在令人赞叹的功能;然而,这种功能并不是人们设计的产物,而是自然变化过程的产物。同样,在大量社会制度中,我们也可以看到,这些制度对于整体发挥着非常显著的功能。而更深入地观察,我们就会发现,这些制度并不是有意识地追求这一目的的某种意图、也即社会成员一致同意的产物。它们也是作为'自然'的结果出现的。"

F.V.哈耶克指出:个人的"行动自由","并不是因为自由可以给个人以更大的满足,而是因为如果他被允许按其自己的方式行事,那么一般来说,他将比他按照我们所知的任何命令方式去行事,能更好地服务于他人。"

F.V.哈耶克的"自我成长秩序"(self-generating order)、"自我组织结构"(self-organizing structure),还有他的自我选择、自我建构的"高度自治理论"。这些,都突出强调了人的"自由"和"自我建构"、"自我重组"的能力。

真正的社会科学,就是不依赖甚至不作"假设",而立足于"自我建构"、"真实"的事实与问题。

### 2.4.4.7 需要形成的"心境"

中国佛教,强调做"入世的事情",必须要有"出世的精神"。

然而,我发现,很多人拜佛、进庙烧香,是为了解决实际生活中的具体问题,例如:为求升官发财、生儿育女、健康长寿等等。是为了让世俗生活过得好,既幸福又快乐。现在的许多高僧大德,也是信誓旦旦、满口承诺要为他们去制造福德,供奉越多、得到福德也就越丰厚。

这些,都是违背佛法的。释迦牟尼佛的身传言教告诉我们,对世俗生活中的东西,皆是虚幻,不能患得患失;应该学会"放弃"、去"做'减'法","减"到最少、以至少到不能再少的地步;少到不能再少。着眼点,不是对"世俗"的事物眷恋,而是去追求一种"出世的精神"。

我们也可以读读林语堂的"八味心境":"第一味爱心:凡事包容,诸事忍让;第二味虚心:谦虚为人,低调做事;第三味清心:寻找心灵的平静(用林语堂另外的一段话做注解:不被祸福所扰动,不被折磨而烦恼);第四味诚心:将心比心,广结善缘;第五味信心:积极心态的力量;

第六味专心:使人生更有效率;第七味耐心:机会总在等待中出现;第八味宽心:学会选择懂得放弃。"

我曾经引用过林语堂的一句话:"一个人彻悟的程度,恰等于他所受痛苦的深度。"这句话,说得很深刻,也道出了释迦牟尼之所以能成佛、慧能之所以能成为中国禅宗六祖的根本原因。正因为他们所受的痛苦极深,而觉悟得透彻。

按照画家吴冠中的说法,那就得有一种"殉道"精神。他认为,学美术,就得有一种"殉道"的精神;他说:"学美术等于殉道,将来的前途、生活都没有保障。如果他学画的冲动就像往草上浇开水都浇不死,这样的人才可以学。"[38]

其实,学哲学也得有这样一种精神。学佛,当然也是如此。例如,中国禅宗的六祖慧能,他一心学佛,他出身卑微,且屡遭歧视、打击,甚至被追杀,而大难不死,才最终成佛。成佛,对于慧能来讲,就是做成了最好的、最强的自己。

### 2.4.4.8 做最好、最强的自己

其实呢,释迦牟尼佛也好,六祖慧能也好,他们都是带着那种"殉道"的精神,艰苦卓绝,甚至九死一生,才得以最终成佛,做成了最好的最强的自己。所以,他们的身体力行,以至留下的佛经,都是在教我们怎么样做好自己、做最好的自己;最好的自己,也就是最强大的自己。

怎么样去做最好的自己、最强大的自己? 在这里,不妨做一个简略的归纳:

第一,《金刚经》说:"应无所住而生其心。"中国禅宗六祖慧能,就是听了这句话而开悟的。这句话的意思是说,"无""住"而生"心",就会生"清净"之心;"有""执着"而生"心",就会生"贪恋"之"心"。"有",是做加法,什么是"'加'法"? 比方说,做生意现在挣了一个亿,就想再挣十个亿;现在已经当了处长,就想再当局长;本来就有老婆,还想再有二奶、三奶。而"无",是做减法,"减"("少")到不能再"减"

（"少"）；就像西藏那些虔诚的佛教信徒那样，省吃俭用，把多余的奉献出来。除尽"心中"一切杂念和污垢，"回到"那颗"本来无一物"的"本自清净"之"心"，那种先天就有、本自具足的东西。

第二，一旦"清'空'"，"心中"就洒满温暖的阳光，即充满了慈爱、悲悯。一个内心充满热爱的人，是不可阻挡、所向无敌的。换句话说，这是"培元"、"扶正"。一个人如果"'元气'充沛"、"'正气'浩然"，就会精力充足、身体健壮，就会产生强大的能量，所向无敌，而邪、恶不侵。佛教中的修行、辟谷，就是要挖掘自身的特别是那些潜在的力量，排除杂物、凝聚能量，以致经脉通畅，打通任督二脉与中脉，自由掌控生死之门户。

人与人之间，重要的不是言语的沟通，而是心灵的沟通、心有灵犀一点通，是"境界通达"，是这样一些能量的互动。心灵的碰撞、心灵的沟通，是一通百通。有这样一种能量的人，不用讲一句话，别人就会有感觉。佛陀能量巨大，不费一兵一卒，就能感染、觉悟千万众生；以至于身经百战、横扫千军如卷席的拿破仑都自愧不如。这也恰恰证明了释迦牟尼佛的初衷，去解决手握王权重兵者不能解决的问题，人类的根本问题恰恰不是王权重兵所能解决的。

第三，在"适当"的时间、"适当"的地点和"适当"（"有缘"）的人，做"适合"自己的事情。所谓"适当"，就是要"找'对'"，时间、地点、人物，都要"对"。自己的定位，也要"对"（"准"）。能做一流的花匠，就决不做二流三流的总统！释迦牟尼所做的，并不像美国心理学家 A.马斯洛（Abraham Harold Maslow, 1908–1970）所说的去"当议员、州长、总统"，而恰恰相反，是放弃王权、走向众生！我们要深深懂得一个道理：那些手握王权重兵的人，并不真正强大，其实要比普通人、平民百姓渺小、虚弱得多。依仗外在的力量，实际上是虚弱的表现，是内心力量的不足。

第四，把自己的社会责任视为"天职"。正如在《薄伽梵歌》里面，黑天（神）劝导阿周那的去尽刹帝力（掌管王权和兵权者）的职责，他的重要职责就是投身战场、英勇杀敌。敢于担当,甚至敢于拨乱反正。敢于担当、敢于拨乱反正,并不是一定要当大官;而常常是在危亡之际、身为草民揭竿而起。这更像是中国禅宗六祖慧能,身为"獦獠",为正佛法,而挺身而出。

第五,充分挖掘自己的潜力,尽心竭力。一些努力想有所作为的人,往往抱怨生不逢时,却不能充分认识自身的潜力,更没有充分挖掘这种潜力,以致一生都不能把自己做到最好、发挥到极致,而留下了终身的遗憾。六祖慧能现身说法,屡遭歧视、打击,甚至不怕追杀,而敢于挑起正法的重担。他的事迹告诉我们:不能因为自己出身低微而妄自菲薄、自己看不起自己,更不能看不到自己本身所隐藏的巨大潜力,自己埋没自己。

第六,而且,败得起,且愈败愈勇,在屡遭打击、失败之后,依然能有还手之力。在现代的战争中,最厉害的角色,不是突发奇袭者,而是那些怎么打都打不垮的人,什么时候都有还手之力的人。就像武侠小说里的那些高手,打到忍无可忍,被迫还手,可置敌于死地。

第七,有极强的自我修复、再生和重组的能力。"野火烧不尽,春风吹又生。"虽历尽九死一生,依然顽强拼搏,坚持不懈,永不放弃,坚持到最后胜利。

当然,想大作为者不弃小事。一则,可以防止眼高手低、大事做不来小事又不做、好大喜功者;二来,还有些人经得起大风大浪,却经不起平凡,常常在阴沟里翻船。比方说,在学佛的人群中,有些人连人都没有做好,就想做佛。所以,我劝他们,不要急于出家、不要急于穿袈裟。而是在人世间,去学会从自己做起、从当下做起,从一点点的杂念、小恶的清除开始,从一点点的正念、小善做起,在自己身上逐渐地扶正祛邪,清除自己的心灵所沾染的污垢,明心见性,最后回到自己原有的那颗"本来无一物"的"清净"之"心"。只有这样,才有可能去大作为,才能做成最好的自己。

能做最好的自己的人,一定是"强"者,一定是"做事"的"强"者,而且还是"心灵"的"强"者,甚至首先得是"心灵"的"强"者。有些人,渲染佛陀如何如何神通广大;其实,这不是佛陀的真正"威力"、"强大"之处;真正的"威力"、"强大"就在于"心灵"的"清净"、一尘不染。而且,佛陀释迦牟尼、六祖慧能他们给我们的教育,完全是正面的、积极向上的;把佛教看作是"遁世"的、逃避现实、消极悲观,我认为是一种歪批、误判、误导。

### 2.4.5 对"净土"的信

宗教,是讲究"信仰"的;所谓"信仰",对佛教来讲,主要就是"相信"有"西方极乐世界"和"本自清净"的人心这两块"净土"。"相信""西方极乐世界"这块"净土",是"相信"佛的境界;而"相信""人心"是"净土",就是"相信"自己的灵魂、心境。

由此,而导致人与人之间的"互信",使得人人具有同样的灵魂、心境和追求,共同打造人间净土。这个"互信",对于人类社会的健康发展非常重要。

"信仰",会导致真正的"爱"。下面,我们就来探讨"爱"。

### 3."爱的智慧"

关于"爱",《美的现实性》里,引用了柏拉图在《宴饮》篇的故事(下面,我会引述这个故事)。这个故事也与上帝(神)有关,诉说着"爱情的本质",这是一个"人之初"的故事,宗教经典通常都是从"人之初"讲起的;重要的哲学典籍,似乎也不例外。

佛教也讨论"爱"。爱,梵文是:maitri。此词,源于 maitri(朋友)。这是一种给予喜悦、幸福的意愿和能力。实现这种意愿、培养这种能力,就要懂得谛观和谛听,知道他人需要什么、什么可以使他们快乐。如果,没有理解、懂,你的爱就不是真爱。从这里可以看出,"爱"是以"理解"、"懂"为前提的。这样一个看问题的角度,可以建立 H.-G.伽达默尔两个基本范畴"理解"与"爱"的紧密联系。

"爱",涉及哲学的本义。

### 3.1 哲学的本义

西方的哲学,是"Philisophie",按照字面,这是一个复合词:"Philo(爱)+sophie(智慧)"。这两个词组合在一起,可以翻译为"对于'智慧'的'爱'、'追求'";不过,我认为,也可以翻译成"爱的智慧",突出"爱",并且提倡这种"爱"要有"智慧",应着眼于如何去提升这种"智慧"。

"智慧"一词,在佛经中特别是《金刚经》所讲的就是"般若";"般若",是一种"'出世'的'智慧'",而不是以往哲学中所说的"'世俗'的'智慧'"。这一个重要区别,人们一定不能混淆。这样的一种"'出世'的'智慧'",可以让我们直接与"神"对话,而不必要仰仗权威、也不需要借助于中介;在西方,哲学家们往往是主张借助于中介的。我们要提倡"智慧",特别是那种"'出世'的'智慧'";"重'智慧'",胜过其他一切,胜过"重'知识'"、"重'地位'"、"重'财产'"等等。"重'智慧'",是《金刚经》等佛教经典的根本精神,也是中国佛教的基本精神。所以,我认为:中国佛教,是亦宗教亦哲学的。

至于说到"爱"的"智慧",首先"爱"是世俗的,是家庭的、民族的。不过,如果我们也承认:"爱"是"神圣"的。那么,我们就一定得从"出世"的层面上去解读,这样才有可能触摸、体验到"爱"的"神圣"。

爱,是人类生命的永恒主题,也是宗教经典的母题。《圣经》教育人们:"要彼此相爱。"保罗在《圣经》里说:"我即使把所有财产都给人,甚至牺牲自己的身体,要是没有爱,我做的一切仍然没有益处。"由此可见,"爱",是比"奉献"、"牺牲"更重要的事情。中国佛教讲"布施",包括"法布施"和"财布施";然而,第一位的却是"爱",是"慈爱"、"悲悯"。在人所能做的一切事务中,"爱"是最崇高、最神圣的,是第一位的,无可取代的。

基于"爱",人们常常把"家"、"民族"看作是一个"整体";在此基础上,需要进一步把人类看作是一个"整体"。

### 3.2 爱的榜样

那种充满了奉献与牺牲并且超越了奉献与牺牲的爱,是一种具有

"'出世'的'智慧'"、"'出世'的'精神'"的爱,是彻底的、到位的、到家的。祂就应该和特蕾莎修女一样,能毫不嫌弃地、非常自然地把那些身体溃烂发臭长蛆的人抱在怀里,把那些马上就要离开人世的垂死之人抱在怀里和他亲切地说话,让他们有尊严地死去。如果做不到这些,那就是爱得还不够。

而且,这样的一种"爱",是无私的,与特蕾莎修女一起工作的人没有任何待遇,据说连证件都没有;他们不需要这些东西,他们唯一要做的,就是牺牲和奉献,让人间充满爱。

真的,应该像她们那样,我们需要做的,只默默地传递爱。只有愿意去爱所有人,包括反对我们恨我们的人,这样的爱才是真爱。一个身在苦难中的人,更容易看见苦难;一个离死亡近的人,更容易感受死亡;这样的人,更需要爱,也更能感受爱。一个将死的人对特蕾莎修女说:"我一直生活得像条狗,可你让我死得像个天使。"

特蕾莎修女的灵修卡片上有这么一句话:"信仰的果实是仁爱。""信仰",属于宗教的领域。"爱"特别是那种"大爱",往往也是宗教"信仰"的结果;有宗教"信仰"的人,一定有"爱"、那种无私的"爱"、甘愿奉献与牺牲的"爱"。

在《美的现实性》这部著作中,也突出了带有浓重宗教色彩的"爱"的主题。我要讲的,就是在描述"天国"这个"真的世界"时,"柏拉图把这种产生着的爱的体验和精神对美、对世界的真实秩序的发现结合起来考虑"。这,也正是中国佛教的精神。

### 3.2.1　信仰与爱

我们再谈谈特蕾莎修女的灵修卡片上有这么一句话:"信仰的果实是仁爱。""天国",是指自然、人类社会之外的另一种世界,人世间、现实生活世界之外的一种世界,是神的、神造的一种世界;而这样的一种世界,恰恰就在世俗的人世间。"宗",天垂象以示人,通过种种"天象"来"警示"人们,要人们注意到将要发生的种种时局变化;"教",教化,以弥补人们在修养、知识等种种方面的不足,改善人们的知识结构、提升人们的精神境界,触及人们的灵魂。

值得一提的是,把"信仰"和"爱"紧密联系在一起,强化了与"理性"的区别。在讲"爱"的场所,往往是不讲"理"的,甚至是不能讲"理"的,例如在我们各自的"家"里。在"家"里,"爱"是第一位的,其它如何东西都不能取代她,不能冲撞她,不能贬低她;"爱"的地位一旦有变,"家"就会发生危机乃至产生灾难。"家"乃至民族的"爱",一定有"血缘"的因素,正所谓"血浓于水"。

正是以上述为基础,我们再来探讨"爱"的"智慧"。

### 3.2.2　爱要有智慧

佛教的真理,就是"行善";"行善",出于"爱",那种"大爱","无疆的大爱"。"爱",是生命的根基,人类赖以生存、人类之所以能够存在的根源。

"爱",是中文的简体字,其繁体是"愛"。繁体字"愛"中有"心",表明"愛"是有"心"的、需要用"心"的;而简体字,什么都没有去"简",只把"心"给简掉了,可见其"简"之不当。

"爱"要有"智慧",这不光是佛教的一个基本思想,也是哲学的一个思想基础。Philosophie:智慧+爱:爱的智慧,爱要有智慧。在这里,我们特别要强调"爱的'智慧'",要学会"智慧"地去"爱";例如,"爱"要有"度",不能"'溺'爱",不能"'糊里糊涂'地爱"。甚至,"爱"还不是人的主观故意,不是以意为之,而是犹如 F.v.哈耶克所说:"严格地只去做那些对具体的他人明显有利的事情,并不足以形成扩展秩序,甚至与这种秩序相悖。市场的道德规则使我们惠及他人,不是因为我们愿意这样做,而是因为它让我们按照正好可以造成的结果方式采取行动。"

特别是犹太教、佛教,都讲"爱"与"智慧"。伽达默尔在他的《美的现实性》一书中所讲的"爱",也很具有宗教的韵味。

在这本书里,H.-G.伽达默尔引用了柏拉图《宴饮》篇里的一个故事:"人类本来是一个球体;后来,他们行为不大检点,因此,神就把他们劈为两半。此后,那完整的生命的、存在的球体的每一半都力图从另一半那里得到弥补。"并随之进行了分析总结、且拓展至"艺术意义上的美的经验":"这是人类整体性的证明,即每一个人仿佛都只是一个残缺的部分。爱是一种渴望,一种要求复原为整体的残缺部分,在与另一半的遇合中得到满足。这种关于情投意合和心灵亲睦的意义深刻的譬喻,可以改变艺术意义上的美的经验的看法。"[39]

由此,我们还可以拓展至宗教的经验:追求整体存在,追求人类本来面目与真相。

如果,我们把神作为信仰的对象乃至偶像,事实上是在信仰我们自己制造的一个形象。这样的一个"神",绝非"如'其'所是",而是"如'我'所是"("我执")。佛教提倡的信仰,则是"如其所是";对此,我们所能起到的作用,就是对"如其所是"的"闻"、"观",如所有佛经,一开篇就是"如是我闻",强调的就是"我"对"如其所是"的"闻"、"观"。

"如是",突出了"真实不虚"的"真实性"。对这样一种"真实不虚"的相信、信赖,就是一种信仰。

这样一种的"真实性",是"永恒(时时且处处)的存在",不生不灭、不增不减、不垢不净。是始于此亦终于此的。佛教所提倡的,就是:我们必须懂得并且触碰这样的一种存在。

### 3.2.3 爱与尊严

人们常说,生命是一种缘,因此要随缘、懂缘、惜缘;换句话说,也就是要懂得生命,珍惜生命,认真地对待生命。

缘,是可遇而不可求的、是不期而至的;而不是可以事先预料、事先设计的。

梁漱溟说,真正的和尚出家,是被一件生死大事打动他的心肝,牵动他的生命:看到众生沉沦于生死苦海中,甚感可怜,所以决定要超脱生死,解决生死。梁漱溟立志,要以佛家救世精神,来探求中国民族自救之道。到了 21 世纪,我们不光是要以这样一种的救世精神,去探求中国民族的自救之道,而且还要去探求世界的自救之道。人生之道,首先是一条"自救之道",救了自己,才有可能去救他人、民族乃至世界。

"人身难得","光阴要紧"。"人得到生命这个机会实属不易,不能愧对自然的恩赐。"生命的可贵正是在于"感应灵敏,通达无碍";"滞而不活",则是生命力不强的表现。生命力的最强表现之一,就是在极其艰难困苦的环境下、就是刀架在脖子上也绝不低头、绝不失去自己的尊严,绝不放弃努力与作为;反而会激发出更强的生命力量。

在维护自己与穷人的尊严方面,特蕾莎修女是我们的榜样:"1979年,特蕾莎修女获得诺贝尔和平奖。她穿着一件只值一美元的印度纱丽走上领奖台,不管是和总统会见还是服侍穷人,她都穿着这件衣服,她没有别的衣服。"

在领奖台上,她说:"这个荣誉,我个人不配,我是代表世界上所有的穷人、病人和孤独的人来领奖的。因为我相信,你们愿意借着颁奖给我,而承认穷人也有尊严。"穷人也有尊严;尊重一个人,光不嫌弃是远远不够的,而是你要让他感觉到:他是你世界上最重要的人,是你最爱的人,是你最尊重的人。

她告诉我们:所有的人,包括穷人,都不仅需要活着,还需要爱,还需要尊严。爱,就是我要说的主题;在这个世界上,一切都会消失,但爱会留下来。

特蕾莎修女的全部财产是:一个耶稣像,三套衣服,一双凉鞋,她从来不穿袜子。她努力要使自己成为穷人,目的是要服务好最穷的人;跟随她的修士修女都要把自己变成穷人,只有如此,被他们服务的穷人才会感到有一些尊严。对穷人们来说,给予爱和尊严,比给予食物和衣服更重要。特蕾莎修女要恢复的是:人的尊严,任何人都应该有同样的人格和尊严。

穷人,最难得到"尊严";你要帮助穷人得到应有的"尊严"、服务好他们,你就得成为"穷人",和他们同吃、同住、同劳动,和他们一样地生活。否则,你和他们就有隔阂,是不可能服务好他们的。佛陀放弃王位、财产等等,就是要变得和穷人们一样,去服务好他们。

### 3.3 中国佛教的智慧三分

前面,我已经提到:中国佛教所提倡的"智慧",是一种"'出世'的'智慧'",在印度叫"般若"。这种"'出世'的'智慧'",是区别于人们的"'世俗'智慧"的。人们的"'世俗'智慧",往往与人们的世俗"名利"相关,"天下熙熙,皆为名来;天下攘攘,皆为利往",在人们为争夺"名利"忙乎的时候,需要的是"'世俗'的'智慧'"。如果,有人烧香拜佛,是为了学得"智慧"便于"名利"的争夺,那就错了;现在有些"高僧大德"以世间"名利"为诱饵,蛊惑世人去拜自己为师以及所从事的一切宗教活动,都是违背佛教宗旨与佛陀教诲的。

"'出世'的'智慧'",在佛教里面分为三种,"文字般若"、"观照般若"、"实相般若",分属不同的层面。

#### 3.3.1 "文字般若"

"文字般若",顾名思义,是与"文字"有关的,是在"文字"层面的"'出世'智慧",例如在佛经里面。佛经,是佛陀的所作所为以及说过的话,被记录了下来;佛陀所身传言教的,是"'出世'的'智慧'",教育世人如何不为世俗的种种事务和念头所累,如何超越世俗间的"财、色、名、食、睡"等等,如何去断烦恼、出轮回、得解脱。正如龙树菩萨在《大智度论》中所讲:"未成就名空,已成就名般若。"

另外,要注意:佛教是强调"教外别传"、"不立文字"的;佛经的文字,只是一种方便说法,不能拘泥死守。

无论是佛陀的"身传"还是"言教",用世俗的"肉眼"和"耳朵"是"看不清"与"听不明"的;因为,它们是超越"世俗"的,需要有"'出世'的慧眼"与"'脱俗'的眼光"与"耳根"。

#### 3.3.2 "观照般若"

由此而形成的,就是"出世"、"脱俗"的"观照般若"。

例如,在《般若波罗蜜多心经》中,一开头就是:"观自在菩萨,行深般若波罗蜜多时,照见五蕴皆空,度一切苦厄。"这四句话,是这部《心经》的总纲,非常重要,十分关键。

就拿其中第一句来讲,就很不简单。据一位高僧大德解释,"观自在菩萨"就是"观世音菩萨",是同一位菩萨;前者,是以果地功德为名;后者,则是以因地法行为名。所谓"因地法行",是说这位菩萨刚开始修行的时候,是从耳根圆通修起的。他在岛上通过听大海的潮起潮落的声音的修行,来弄清楚这样一个究竟:听见声音的是谁? 听不见声音的又是谁? 世俗的人们,通常认为:听到了声音,就是听见;没有听到声音,就是没听见。这是世俗的看法。这是一种"'世俗'的观照"。但是,经过修行,观世音菩萨觉悟了、超越了"'世俗'的眼光":你听到了声音,是听见,听见了"'有'声";没听到声音,其实也是听见,听见了"'无'声"!

中国古代老子的《道德经》中还有"大音希声,大象无形"的说法,意思是说:至"大"若"无","大"音而"不"喧嚣,甚至"无"法以"声"来传达;一旦用"声"而"不"得当,便成"虚妄"。"大"形而"无"矫饰,甚至"无"法用"形"来表现;一旦赋"形"失当,亦成"虚妄"。白居易的《琵琶行》中还有"此地无声胜有声"的名句,是说:此时此地的感情之深,纵有千言万语,也是无法完美表达的。此时的"不"说,乃是"真"说。真正的"知音",就能够在"无"声之处听出"有"声。此时的"无"闻,乃是"真"闻。

这些,都足以表明:虽然,声音时"有"时"无";然而,我们的"听'性'"却一直"在"。换句话说,我们的"听'性'"总是存在的,不管你是听见了什么还是没有听见什么,那个"听"是一直存在的,我们的"听'性'"是不生不灭的、不会随着声音的"有"、"无"而"在"或"不在"。这是一种"听"的"行为心理学"、"听"的"存在论",是佛陀提出的,两千年前就已经出现了。显然,到这里,我们会豁然开朗:听见、听不见声音其实都是一个,就是:我们的"听",我们的"听性"。

这才是真正的"行为哲学",凸显了"听",把"听"作为一种"行为";而不着眼于"听'见'",不在于"听"的"对象"、"结果"。与此相关,"谈'心'哲学",凸显的是"心"的"行动"。

### 3.3.3 "实相般若"

讲到这里,我们可以过渡到"实相般若"了。《金刚经》中说"凡所有相,皆是虚妄"。既然"无"相,当然"无"可名状,也就"无"可言说;"无"可言说,方证"实相"。佛法的"说"与"听",也是"尊者无说,我乃无闻。无说无闻,是真说般若"。"无"与"般若",一体两面。

有了"'出世'的'智慧'",又对"世间法"也圆融无碍,这样一种的"智慧",就是"实相般若"。看到了"实相",不为世间诸种虚妄乱象所拖累,不惑于世俗的"梦幻泡影"。这种"智慧",就是对一切都清清楚楚、通通透透、一目了然;虽然,清清楚楚、通通透透、一目了然;但是,却又不去分别,不作取舍,善者不恋不取,恶者不憎不舍。这样的"'大'智",近乎于"愚";所以,中国古人有"大智若愚"的说法。

### 4. "空虚"和"充实"

以"时间"来解读"存在",是 M.海德格尔所开创的一个崭新的哲学时代,人们称之为"存在主义"的时代,也有说是新的"人文主义"时代。H.-G.伽达默尔继续 M.海德格尔以"时间"来解读"存在"的思路,讨论了"艺术作品的时间性",并以"时间性"来解读对其解经哲学起着左右全局作用的"艺术的经验"。

更重要的是,他没有停留在"艺术",而进入了"宗教":"究竟什么是节庆,什么是节庆的时间,这一向是神学的一个课题。"正是在这样的一种神学背景下,H.-G.伽达默尔讨论了"节庆"问题,特别是"时间"的"空虚"与"充实"问题[40]。因此,我们可以说,他对"艺术经验"的阐述,富有宗教的意味;解读他的"艺术经验",不能缺失宗教的视野。

在《真理和方法》一书中,H.-G.伽达默尔探讨了"审美的时间性";在《美的现实性》的《节庆》篇章,他进而拓展了这种对"时间"的探索。

### 4.1 "空虚"的和"充实"的"时间"

前面,我们讲到了《美的现实性》中的审美的"共时性"。对于这样一种的"共时性",H.-G.伽达默尔以"审美的时间性"为题,曾经在《真理和方法》的第一部分 II.1.C 中展开过探究。

### 4.1.1 "历史的时间性"与艺术的"超历史的时间性"

在探讨"审美的时间性"、"艺术作品的时间性"的时候,H.-G.伽达默尔首先致力于把"艺术的"和"历史的"区别开来:

他说:"一般把这种审美存在的共时性和现时性叫做超越的时间性;而我们要去做的就是把这样一种超越的时间性与时间性联系起来,因为在事实上,它们之间是密切相关的。""艺术的时间性",是"超越的",是"超历史的",由此而区别于"历史的时间性"。

"超越的时间性,是以时间性为依据并且作为时间性的对立面出现的。我们甚至可以说,有两种时间性:一种,是历史的时间性;另一种,是超历史的时间性。"赛德马耶尔正是"试图通过这种超历史的时间性来规定艺术作品的时间性的"。不过,在 H.-G.伽达默尔看来,这两种时间性构成的是一种"辩证的对立";我们要做的,是去弄清楚它们之间的辩证关系,而不是把二者混同起来或者把二者割裂开来。

### 4.1.2 艺术的"超历史的时间性"与"神学的时间性"

由这样一种的时间性的"辩证对立",H.-G.伽达默尔谈论了"真实时间"和"表现时间",并且联系到了"耶稣显现"以及《圣经》的神学意义的时间问题。

从《圣经》的角度,"时间,不是从人的自我理解"、"而是从神的天启那里得知的,只有这样一种的时间,才谈得上是一种'完整的时间',才能从神学上确立艺术作品的超越的时间性和'完整时间'之间的相关性。"

正是这样一种"神学的时间性"证明,才得以证明了"艺术作品的时间性"的合法性。

### 4.1.3 佛教与海德格尔的"空"

在佛经里,特别是"般若"部分,讲了"般若"以后,就需要讲讲"空"了。

龙树菩萨在《大智度论》中讲:"未成就名空,已成就名般若。"显然,"空"与"般若",是一体两面。因此,在讨论"般若"即"'出世'的智慧"之后,如果再不去谈论"空",就缺失了另外一面了。

关于"空",M.海德格尔与H.-G.伽达默尔都涉及过。M.海德格尔曾分别与日本的禅宗学者、中国的道家学者探讨过佛教或道学,他还曾用德文 lichten 来解释"空"。lichten,在德文中的意思是:在树林中砍伐掉一些树木而腾出一片空地,这样阳光就照射进来。所以,lichten 有"腾空"、"清除"及"光照"、"光明"等意思;在这个德文词里,"空"、"明"一体。据说,古德语和印度梵文有着语言方面的亲缘关系,M.海德格尔用德文 lichten 来解读,也许可以更贴近梵文"空"的原意。在藏传佛教中,强调"明空双运";我估摸着:武则天给自己起了一个名字"曌",有可能是深得藏传佛教旨意。如果属实,足见武则天的佛学功力也是非常了得! 中国的历史学家,对于武则天的研究还需要多下一些功夫。

证悟空性,需要智慧;证悟空性,方能断除一切烦恼。佛教里,有:空三昧、无相三昧、无作三昧。这三个"三昧",是强调:观世间一切法,都是"缘生不实"的,都是"虚妄假有"的;观一切法幻有,而无所愿求。

佛说"一切皆空"。有人说:所谓"空",不是什么都没有,相反是样样都有,世界是世界,人生是人生,苦是苦,乐是乐,一切都是现成的。(然而,这一切又都是)因缘和合而成,没有实在不变体,所以说"空"。邪正善恶人生,这一切都不是一成不变实在的东西,皆是依因缘的关系才有的,因为是从因缘而产生,所以依因缘的转化而转化;没有实体,所以说"空"。

### 4.1.4　H.-G.伽达默尔的"空虚"

在《美的现实性》中《节庆》部分,H.-G.伽达默尔首先针对人的工作的"分隔"与"孤立"状态,揭示了"节庆"的"聚集"性:"只有在庆祝节日时,人们才不是被分隔,而是使所有的人聚集在一起。"因此,"节庆",就是"不工作",或者如现在人们常说的"休闲"。这样一种的和人们的日常工作相区别的特征,在这里被 H.-G.伽达默尔挑明了。这就出现了另外一种看待人们生活的角度、一种新的视域。也就是说,我们还可以从"'不'工作"的角度、视域来审视人类的生活、生命。近几年来,我和哲学界的一些朋友们在探讨一种"休闲哲学",显然可以从《美的现实性》里汲取营养。

与此同时,他进而解析了"节庆的时间结构",阐发了"时间"的神学意蕴。在他看来,所谓"过"节,具有"不分割为依次更迭的瞬间的连续"的"时间特征";而且,"节庆"还具有"一种周期反复的性质"。例如,圣诞节、复活节等,每年重复,每年都过。但是,所有这些时间,又都不是纯数学地计算的;而是被节庆本身的"喜庆性"来决定的。这里,强调了"节庆"的"喜庆性",而非"数学"的"计算性",以区别于自然科学"时间"的"数学性"。

由"节庆"的这样一些的时间特征,而形成了相关的经验。H.-G.伽达默尔认为,"节庆"的时间经验有别于"工作"的时间经验;换句话说,有别于我们的工作经验。我们的日常工作,往往是要做成一件什么事情、做出一件产品,或者达成一个实际目的。

我们工作的时间经验,"是一种人们所支配的、安排的、享有的或未得到的或者自以为没有得到的时间"。人们"为了利用它,先得占有它";"按照它的结构,这是空虚的时间"。

这样的一种"时间经验",在这里,时间"不是作为时间来经验的",而是"被作为必须用某事来'消磨'的或被消磨的东西来经验的"。它的典型例子,是"无聊",百无聊赖;或者总是为谋划着什么的"忙忙碌碌"。可以称之为"无所事事"的"空虚"与"忙忙碌碌"的"空虚"。换句话说,这里的"时间",被经验的不是"时间"本身,而是"时间"过程中被消磨的"某事"或某"东西"。

### 4.1.5 H.-G.伽达默尔的"充实"

与前面的"空虚"相比较,"充实"是另一种完全不同的"时间经验"。这样一种的经验,说得通俗一点,就不是为了别的什么"活"着,而是在其本身显现出"活"的意义,"活"的意义就在"活"本身。例如,

"节庆",其意义就在于"节庆"自身的"喜庆性"。"节庆",作为一种活动,其动力在自身之中,是一种自我运动、自我建构、自我重组,以其自身为目的。

"节庆"的"时间特征",是活生生的,本身是一个整体,类似于"有机"生物体结构的生命基本特征。例如,人的童年、青少年、壮年、老年和死亡。人的年轻、年老,是不能用纯数学、仪表来测定的;很可能,一个80岁的人要比60岁的人健康得多、显得年轻多了。

前面,我用 H.-G.伽达默尔的话说过:所谓"过"节,具有"不分割为依次更迭的瞬间的连续"的"时间特征"。这就像人的生命、生活,活生生的人的生命、生活是连续的,不可割裂的。人的呼吸,人的心跳,是不能停止的;一旦停止,人的生命就结束了,这就是人们所说的死亡。人的生命,是一个活生生的"有机"整体。我们可以用电影来做比较,人在实际生活中,和在电影中被放映的完全不同。在电影之中,放映时,人们的动作是连贯的、完整的;但是,如果在未放映的时候去看胶片,却是一张一张地断裂的,碎片似的,静止的,死的。

### 4.1.6 "死亡"与哲学

在 H.-G.伽达默尔的"充实的时间"里,才有"死亡"问题。人,作为一个活生生的"有机"生物体,不能回避"死亡"问题。

在 M.海德格尔的哲学之中,"死亡"被突出地加以讨论。其实,第一次世界大战之后,面对欧洲的血腥战争、生灵涂炭,许多思想家、哲学家都深思着人世间的悲欢离合与死亡问题。A.叔本华曾提出:死亡的困扰,是哲学的起源。也就是说,在当时的欧洲哲学家,因实际生活中的生存危机,纷纷把"死亡"作为哲学沉思的主题。

这大概也是战争年代的思想与哲学的特色。释迦牟尼佛也是生存于战争年代,他的思想转变,也与"死亡"有关。据说,他还在做王子的时候,有一天巡视各个城门,见到生老病死等诸种人间惨剧;于是,他决心走出战争、放弃王权、离开家庭,另谋人们解放的出路。他明白了:了生死,根本不能靠王权或暴力。现在看来,王权、战争,确实只是使得人们的争斗更加激烈、残酷,伤亡更加惨重。

换句话说,求生、免死,这不能以你死我活来得到解决;而战争,无疑是一种你死我活、加剧死亡的行为。人类,是一个"整体",应该是克服"残缺"、以"救死扶伤"、"扶正祛邪"来获取"完整";而不是用互相残杀以导致更加残缺不全。避免战争、争取和平,是人类健康发展的必由之路。

释迦牟尼佛另辟蹊径,他不用一兵一卒、不花一分一厘;而是以慈爱、悲悯,去谋求人世间的和平、繁荣。

人们应该追求"共享"、"共赢"。这在生意场上也是如此。一个企业家,如果是从追求"共享"、"共赢"出发的,就一定能做大做强;反之,则损人不利己。

### 4.1.7　"生死事大"与人生的"真正开始"

学习佛教,根本目的,就是要"了生死"。正如《坛经》之第一品中五祖弘忍所说:"世人生死事大。"他批评弟子们"终日只求福田,不求出离生死苦海"。这样的痴迷,恐怕是连"福"也求不到的:"自性若迷,福何可求?"

显然,"只求福田"是"迷"。但是,几乎所有的自然科学、社会科学与人文科学,都是在研究如何能够在更大程度上去掌握自然资源、增加社会与个人财富以及更多的享受(包括精神方面的享受),并为此而争前恐后乃至争个你死我活,而全然"不求出离生死苦海"。这是当今世界生态危机、战争频发、世风日下、道德沦丧的根本原因。中国佛教,则恰恰相反,把"求出离生死苦海"放在首位。因此,对于解决当前社会的弊病,中国佛教不失为一个治病良方。

之所以能够"不失为治病良方",是因为中国佛教把人的生死放在第一位,以阻止世人们为追求物质财富而不惜尔虞我诈、互相争斗甚至完全不顾他人死活;佛教教导人们顾及生死,珍惜人身,善待人生。

许多人都在"现实"地活着,甚至是"真实"地活着;但是,他们并不知道,什么是"真正"地活着。什么是"真正"地活着? 有人是这么说的:

如果有一天：

你不再寻找爱情，

只是去爱；

你不再渴望成功，

只是去做；

你不再追求成长，

只是去修；

一切才真正开始！

如此看来，世人们得从"现实"的、"真实"的活着向"真正"的生活转换，去"真正开始"觉悟的人的生活。

### 5. 哲学的谱系和佛教的法脉

最后，我想再就 H.-G.伽达默尔的《美的现实性》侧重谈谈相关的哲学谱系，同时也会涉及我用以解读《美的现实性》的相关的中国佛教的法脉。

由"'物理'科学"而"'精神'科学"，"'艺术'哲学"而"'宗教'哲学"，问题随之在不断转换、深化。

M.海德格尔则认为："现象学的描述"，其"方法论的意义就是解释"。"此在现象学的 logos 具有解释的性质。通过解释，存在的本真意义与此在本已存在的基本结构，就向居于此在本身的存在之领悟宣告出来。此在的现象学就是解释学[Hermeneutik]。"[41]

M.海德格尔所建立的这种"作为此在的存在之解释"的"解释学"，就是那种"历史学性质的精神科学"[42]。

如果说，M.海德格尔的"解释学"是"历史学性质"的；那么，H.-G.伽达默尔的"解释学"则是"美学"、"艺术学"性质的，是一种"美学性质、艺术学性质的精神科学"。这一点，充分体现在他的《美的现实性》之中。

### 5.1　接续柏拉图开创的哲学谱系

#### 5.1.1　伽达默尔接续的柏拉图"对话"谱系

众所周知,H.-G.伽达默尔的哲学谱系,可以回溯到欧洲古希腊的柏拉图,他的"对话哲学"就是源于柏拉图的《对话录》,源于其中所记录的苏格拉底的"对话"。可以说,H.-G.伽达默尔所接续的柏拉图哲学谱系,是语言的、艺术的。

在很长的一段时间内,柏拉图的"哲学谱系"被设定为记录、解读苏格拉底的"概念"、"逻辑"的提出;正是借助于"理性实验"的学术工具以获取经验,使经验科学得以成立。H.-G.伽达默尔则对此"溯源",从"辩证法"回溯"对话",从"概念"回溯"词"。

作为 H.-G.伽达默尔的学生,在学术上,我继承的是他的"'对话'哲学"。与此同时甚至可以说在此之前,"遭遇"H.-G.伽达默尔、他在实际生活中的现身说法,教给我的则不是书本,甚至不是语言、艺术的;而是"真实生活"中的"自然流露",那种"课堂"、"讲坛"以及"书本"都不能与之相比的"真实"。

关于这个问题,在和读他们的"名著典籍"的区别中,2006 年我在深圳大学文学院和老师们座谈时所提出的《学习哲学的三点建议》,也曾突出强调过:

"学习西方哲学,最好的办法,我觉得是,能够拜西方的某一位具有原创性的哲学家为师,近距离接触","在与他的直接碰撞与讨论中学习。""多进行这种直接的交流,而不要只满足于阅读名著典籍。因为,根据我的经验,其中的差别之大,可以说到了令人吃惊的程度。"

所谓的与哲学家的"直接碰撞",在《道,行之而成》这本书里,我一开始就以自己实际生活中的"遭遇"作为哲学的主题,在对这些"遭遇"的描述中来展现自己的哲学思想。相遇 H.-G.伽达默尔,在这件事情上,我强调了和哲学家本人的直接接触;在这种直接接触中,所能学到的东西要远远重于在他们的书本里、讲台上的东西,而且学到的东西是"鲜活"的。

### 5.1.2 我接续的柏拉图"真实生活"谱系

后来回过头，再去看我的那个描述，总觉得很不够。直到 2007 年，我看到了 K.雅斯贝尔斯《大哲学家》的中译本，特别是读到《柏拉图与苏格拉底》那段，感触很深。如果，我能早一点读到 K.雅斯贝尔斯对"柏拉图与苏格拉底"关系的这种解读；那么，有了这样一种借鉴，我对我的"相遇 H.-G.伽达默尔"，一定会有更加深入、更丰富的领会。因为，我在海德堡的时候，时间、精力完全集中于和 H.-G.伽达默尔讨论问题；偶尔涉及 M.海德格尔。回国后，也没有机会去读 K.雅斯贝尔斯；我读书，往往只读那些涉及我当时研究课题的书。K.雅斯贝尔斯的这个中译本，2006 年才出版的，而且我是在书摊上发现的。不过，尽管因为时序而不可能有助于《道，行之而成》的写作，但对于我现在的研读《美的现实性》却意义重大；在解读"现实性"的时候，它帮助我更懂得了与"现实生活中的"、活生生的哲学家"遭遇"、"促膝相谈"、"心心相印"的极端重要性，我可以进一步深化向"现实的"哲学家本人学习的这个议题。这是其一。

其二，通过 K.雅斯贝尔斯对"柏拉图与苏格拉底"关系的解读，也深化了我"遭遇"H.-G.伽达默尔这样一件实际生活事件的理解。

K.雅斯贝尔斯解读道："面对现实的苏格拉底，他明白了什么，于是他就把什么理解为苏格拉底的思想。""柏拉图塑造的首先不是哲学，而是现实生活中他所看到的哲学家。他是在描绘哲学家的过程中展示哲学。柏拉图把现实中的、认识的和爱戴的人'虚构（dichten，诗性描述）'为哲学家。""柏拉图在苏格拉底的真实生活中发现他的本性。"[43]面对个别的日常的活生生的"现实的"活动，而不是虚幻的理想、抽象的理论、普遍的真理。生活，这种活动本身，就展示真理。"哲学本身在无休止的运动中澄明真理的过程"，而不是"虚构一个理性的完整体系"；人生，是实现哲学的道路[44]。"真理从两个人之中开始"（F.尼采语）[45]。

K.雅斯贝尔斯揭示了柏拉图所开创的另一条哲学之路，是在哲学家的"真实生活中发现他的本性";"哲学本身在无休止的运动中澄明真理的过程",而不是"虚构一个理性的完整体系"。可以说,从这里,我接触到了柏拉图的另一个谱系。可以说,是哲学家的"真实生活"、是哲学家"现实"的活生生的真实生活、是哲学运动中"真理的澄明",成为我哲学的"起点"、"缘点",某种意义上也可以说是"原点"。

正是 1987—1990 年期间,差不多每周一次的我与 H.-G.伽达默尔(就我们两个人)的面对面的直接接触与"对话",这个在现实生活中我所接触到的 H.-G.伽达默尔,向我展现着 H.-G.伽达默尔的哲学思想。我面对的是现实生活中的"活生生"的 H.-G.伽达默尔本人,这个"活生生"的本人向我展示着他的哲学,而不是他的著作、他的讲座。我对《美的现实性》的解读、翻译,也正是在 H.-G.伽达默尔和我两个人的真实生活中进行的;正是在这样一种生活中,我发现和理解着 H.-G.伽达默尔以及他的《美的现实性》。这样的一种"经验",是不可重复的,连我自己也无法重复,特别是他的那些稍纵即逝的思想一闪念。

而我本人,从《道,行之而成》开始,就尝试从我自己的实际生活中、根据自己所直接面对的现实以及相关的对我的触动,来展示真实、探索真理,以形成哲学的思想。

### 5.1.3　佛陀的"超越现实"的"真正生活"

然而,当我应用 H.-G.伽达默尔的解经哲学去解读佛经的时候,就发现佛陀的生活,是一种不同于世人"现实"的"真实生活",而是另外一种"超越'世人现实'"的"真正生活"。

佛陀在成佛之前,过着世俗的生活;作为王子,他接近王权、兵权、享有财富、家庭;这样的一种生活,是"现实"的世人的"真实生活"。但是,当他发现所有这些权力与财富,都不能有效地遏制世人的争斗、自相残杀以及种种灾难、悲剧的发生的时候,他毅然决然放弃了这些权力和财富,改变了以往的世俗的"真实生活",开始了另外的一种生活,这就是那种"超越现实"的被人们称为"真正的生活"。

《金刚经》的开篇,就描述了佛陀的"真正生活":"尔时,世尊食时,着衣持钵,入舍卫大城乞食。于其城中次第乞已,还至本处。饭食讫,收衣钵,洗足已,敷座而坐。"显然,这完全不同于佛陀出家之前的那种居王位、握重兵、享荣华富贵的生活。现在的这种生活,无一官半职、无一兵一卒、无一分一厘;生活极其节俭、朴素,够穿即可,够吃即足;而把重点放在提升"心灵的境界",回到那颗一尘不染的"清净的心",让心灵充满尊重、信赖、慈爱、悲悯、谦卑。这一切,都完全非"现实"的世俗之人所能想象。

所以,我区别于世人们"现实"的"真实生活",把佛陀的这种生活称为"超越现实"的"真正生活"。这种生活,是以"出世的精神"来做"入世的事业";纵观佛陀之一生,生在人世间、长在人世间、成佛在人世间、弘法在人世间、涅槃在人世间,成佛后都以"出世的精神"来应对"人世间"的事情。

因此,作为进入"神圣之维"的哲学,其"起点"、"缘点"甚至"原点",应该从世俗的"现实"的"'真实'生活"转向佛陀那样的"超越现实"的"'真正'生活";并立足于这样一种的"超越现实"的"'真正'生活",再回过头来"看"世俗的"现实"的"'真实'生活"。

### 5.2 "真实生活"作为"行为"的再思考

于是,我们又从"现象的现实性"转向了"超越现实"的"'真正'生活"。下面,从这种角度,我对 E.胡塞尔所创建的现象学的哲学谱系,再略作梳理,作为前面探索的一种补充。

#### 5.2.1 行为心理和"实际发生"

在一定的意义上,E.胡塞尔所创建的现象学是一种"行为哲学",这种哲学的创建受到了 F.布伦塔诺"行为心理学"的影响。在"行为心理学"的影响下,哲学的重心由"对象"转移到"行为",超越了以往的主客体二元关系。

M.海德格尔置身"在世界中",把此在(Dasein)引进现象学,以"时间"解读"存在",进行"历史性"、"现实性"的哲学考察,发展成一种"事实解释学"。这样一来,我们的哲学思考就突破了心理主义的局限。

　　因此在"行为心理"方面,我觉得:应该重视并处理好内心的感知、情绪等一些"心理行为"与事情的"实际发生"之间的关系。例如,在面临"风险"和"危机"的时候,我们就必须接受事物的实际存在并做出相应的调整。

　　在我们的现实生活中,科学技术的发展、扩张,造成了许多非常严重的问题:大自然的被人的掠夺性开发,环境污染,生态失衡,用高新科技生产出来的武器所造成的对人的大规模的乃至毁灭性的杀伤;人类的生存发展,面临着严重"危机"。这一点,一定要引起我们的重视;没有足够的重视不行;过分夸大这种"危机"当然也不对。因为,只有恰当的准确的评估,才能真正有助于我们认识清楚并解决好这类"危机"。

　　与此同时,我们的视野不能再停留于I.康德的时代,不能只注意那些科学技术给人们利益的经验,不能再局限于那时的语境和相关的问题域;更不能以I.康德的哲学立场,来否定西方现代哲学的产生与存在的合法性。

　　在社会、政治、经济等领域的危机的发生以及人们非理性的暴露,使得对人们的理性的作用以及理性对于人们行为的驾驭能力产生了怀疑,并提出批评。他们认为,人们的理性是非常有限的,人的行为甚至常常是非理性的;并认为,危机、灾难之所以出现,正因为人的理性有限性。也因此,促使对人类的研究由理性转向非理性。从而也成为心理学、社会学、政治学、经济学的研究重点,并由此产生了行为心理学、行为社会学、行为经济学等学科;在上述学科的基础上,进一步又结出了哲学的果实。

　　尽管如此,行为心理学、行为社会学、行为经济学、行为哲学等诸种学科,它们的侧重点也有所不同,有的侧重于人的心理行为方面,有的则侧重于人的实际行为方面。正如前面所说,我主张把重点放在事情的"实际发生"方面。

人们的行为,究竟是出自理性还是非理性? 或者,两者兼而有之? 如果从这些行为的后果来看,把有利于人们的行为看作是出自理性、不利于人们的行为看作是非理性;这样,就过多地突出了人们行为的主观的心理因素。事实上,人们的行为特别是该行为的实际后果,并不是他们的主观心理因素所能决定的;而往往要受到其主观心理因素之外的许许多多其他因素的干扰和影响。此外,从总体上来看,人有理性和非理性两部分,它们都是人性的重要组成部分。危机和灾难,并非只是理性或非理性的产物。应准确把握、正确对待自然与人类社会生活中的不确定性、风险、灾难。事实上,并不只是甚至不是理性或非理性的问题;因为,首先无论是自然还是人类社会的产生发展本身都是不确定的,这种本身不确定的东西,怎么可以要求人们能够作出绝对确定的理解和把握呢? 它们常常不是人们能够充分理解和把握的。而且,对于生活中实际发生的事情,人们也常常没有足够成熟的心态。

例如,说到人们的对待所面临的风险,R.泰勒(R.H.Thaler)认为:"问题在于,人们内心的恐惧和真正面临的风险并不成正比。比如说,相比较开车去一个地方,人们可能更害怕乘飞机;但实际上,飞机的安全系数更高。人们并没有意识到这一点。这就是行为经济学的精髓所在。对风险的感知和实际存在的风险并不一样。"[46]

应该指出的有两点:一是面对风险,不应有恐惧;无论遇到怎样的风险,都不要害怕、不能躲避。因为,人的实际生活变幻无常、难免有风险;害怕、躲避都不是办法、不能解决问题;只有敢于面对、积极应对,才能学会战胜风险。二是一事当前,首先是去弄清其真相,洞悉其奥秘,并且通过其"实际存在"来检验我们的"内心感知"。我们不能停留在"内心感知"上,而应该根据"实际存在"来调整"内心感知"、左右自己的具体行为。而最根本的是:由于自然界和人类社会中的不确定性,人们是很难作出准确把握并正确行为的。一定要重视人类现在的变化无常的处境,重视到这些灾难、危机的"实际发生"中去获取经验。正是这些经验,给我们的生命以"再生动力";也赋予哲学以新鲜元素和力量,使哲学得以"再起动"。成功的经验和失败的经验,享福、交好运的经验和经受灾难、危机的经验(在人生中,后者往往要多于前者),这两种经验,对于人类都十分重要,都值得认真总结。

当然,人们面临危险,会害怕;人们面对死亡,更有恐惧。对世俗的经验不多的人来讲,这是"人之常情",几乎是难免的。开始的时候,会害怕、有恐惧;不过,当害怕、恐惧袭来的时候,首先得相信自己生命的力量,这个"相信"非常重要;此时,只有这样一种的"相信",才能给人以力量,使人们能够坚持下去。

宗教,就是教人以"相信"、"信仰"的。

### 5.2.2　行为作为修行

从佛教的角度,人的一切"行为"都是"修行";而"修行",就是"修心",具有"宗教"意味。

"修心",是人的在"灵魂"层面的"生活",是人的具有"神圣之维"的"生活"。

### 5.2.3　艺术作品作为"实际发生"

艺术作品作为"存在",在 H.-G.伽达默尔看来,既不同于艺术家的主观意图与创作活动,也不同于观赏者的观感、欣赏。艺术作品,是一种"美的现实",是一种可以用"时间"来解读的"存在"。在"时间"的视野里看待的"艺术作品",是"'动'态"的。

艺术作品之中,有一种"再起动"的力量,一种可以引起相互作用的力量;这正是其生命力所在。按照 M.海德格尔的说法:艺术作品,不是固定的、一成不变的对象;而是动态的,跳跃的,发生的。艺术的发展,是一个连续的、持续不断的整体。不是两相割裂的、对立的东西。

J.德里达以"文字"区别于"口语","文学"区别于"诗歌",把"文学"作为"诗歌"的延展、异化和补充。J.德里达认为,M.海德格尔的存在论,是他给"存在"予"口语"的特权;而这样一种的"存在论",实际上是延续了西方形而上学的"语音中心主义"传统,把文字、书写放逐于边缘。在 J.德里达看来,"诗、史诗、抒情诗等不仅一直是口头的,而且不会引起一直被称作文学的东西发生。'文学'这一称谓是十分近期的一种发明。以前,书写对诗歌或美文学来说并不是必不可少的"[47]。文学,对于诗、史诗、抒情诗来说,属于不同的时代,是不同时代的产物。"断代",对诗歌、文学进行哲学的思考,是很重要的。"断代",就是 dif-férance。换句话说,J.德里达对于文学艺术进行哲学考察时,采用的是"'异'时性";而 H.-G.伽达默尔则恰恰相反,用的则是"'同'时性"。也就是说,J.德里达针对 H.-G.伽达默尔的"'同'时性",突出强调了"'异'时性"。这一点,也可以说,在解读"存在"方面,即便采用的同样是"时间性",也还可能有"'同'时"与"'异'时"的不同。

J.德里达曾讲述了他自身的一种十分有趣的现象:"时至今日使我感兴趣的既不能严格地称作文学,也不能严格地称作哲学","在写作中将我引向一种非此非彼的东西";"两者都不肯放弃"[48]。马和驴交配,生出来的是"非驴非马"的另一种东西。虽然,他和 H.-G.伽达默尔的出发点并不相同,一个求"异"、另一个求"同";然而,结果却是相近的。H.-G.伽达默尔强调"对话",而"对话"所产生的结果,也是一种"第三者"。

另外,在我看来,在人们实际生活里所发生的一切事情,文学并不可能全部记下;即便是本人所想、所要说的东西,文学也不可能全部记下。因此,文学不大可能像 J.德里达所说的能够"记下一切"! 还有,文学也不可能"允许人们以任何方式讲述任何事情"、"讲述一切"[49]!

当然,可以认为:在文学乃至美学里,能讲述的东西要比哲学多得多。例如,我在 20 世纪 80 年代初,在美学文章里批评了艾思奇的把辩证唯物主义置于历史唯物主义之上;而在纯粹哲学的领域,这类问题在当时并不允许被公开谈论的,更不大可能被发表。从这种角度来看,J.德里达所讲的"哲学似乎也更具有政治性"[50]是对的,至少是符合当时中国国情的。哲学,曾被毛泽东大力提倡,因而在中国就具有一种强烈的政治意味和意识形态性。

### 5.2.4　艺术作品作为"实际生活"的一个部分

生活,不同于生存,不只是吃喝拉撒睡;因而,除吃喝拉撒睡之外,不能没有艺术等。

而艺术本身,曾是实际生活中的一个部分,至少是人类童年生活的一个部分。远的不去说它,就是在古希腊,帕特农神庙,对于古希腊人而言,只是实际生活中的一个部分;而对于现代人,则是艺术品。尽管,现在的人们,力图把自己生活中的器具和艺术作品区别了开来,甚至还区分了艺术作品和工艺美术作品,等等。但是,过一段时间之后,也许现在人们实际生活中的许多生活器具,都会被我们的后人视为艺术作品;就像我们的祖先那样,他们的许多生活器具(如锅碗瓢盆之类)都被我们看成了艺术作品。

为什么会这样? 我认为,在许多工艺美术品乃至生活器具之中,都潜藏着人们的创意、生活的真切感受、活生生的生命力;换句别人的学术性的话来讲,这些东西之中,因人与周围世界的相互作用而出现着一种"存在的骚动",这种"骚动"因具有有意味的合韵律的形式,而形成"秩序"以至"节奏"。从而,它们不仅仅反映了那种人和环境、做和受的"相互作用"具有了生命的价值,而且还具备了审美的价值。

正如有人说过的,尽管艺术所提供的是一种新的经验;不过,这样一种新的经验,是在人们日常生活的经验的基础上的;甚至可以说,艺术再造了日常生活的经验,即用艺术的工具、原料、形式进行的再造;也可以说,它是人们日常生活的经验的一种延续、拓展。

### 5.2.5　人的生活世界是一个整体

以往的哲学家,把原本单一的世界划分为精神和物质两个世界。一分为二,哲学家是这么干的;上帝也曾经这么干过,例如上帝把本来是一个球体的人一劈两半。分,似乎很简单;然而,分了以后怎么办?

因此,就有人去想出各种各样的办法,来实现这两个世界之间的连结;就像他们挖空心思地要把人恢复成一个整体一样。而美国的实用主义哲学家 J.杜威(John Dewey)则认为,各种各样的联结都是不成功的;特别是用了科学方法的那种。而J.杜威曾突出强调过科学的方法,认为:真正的认识,唯有通过科学方法才有可能实现。西方科学,可以看作是一种解剖学。事实上,世界本来就是一个整体,而整体是不能分割的;一分割,就会使"活"的有机整体变成"死"的解剖标本了,就再难复合了。经过解剖,就是死体了,再联结也"活"不起来了。

过于强调"实用"、"现实功利",就会导致两个"误区":

一是"误用"、"误导"。如法国哲学家J.鲁索(Jean-Jacques Rousseau)所说:"误用光阴比虚掷光阴损失更大,教育错了的孩子比没有受过的孩子离智慧更远。"正是"误用"、"误导",使人们"离智慧更远";倘若,人们想"接近智慧",那就需要减少"误用"、"误导"。

二是丧失内心的"精神家园"。正如黑格尔(Gerog Wilheim Friedrich Hegel)所言:"世界精神太忙碌于现实,太驰骛于外界,而不遑回到内心,转回自身,以徜徉自怡于自己原有的家园中。""内心",是"自己原有的家园";回到这种"家园",就是"回家"。但是,这种"家园",却似乎再也回不去啦!

在这样的时候,就有必要倡导"无用之用"。这样一种的"无用之用",就是超越现实,"是对身边现实功利的疏远",淡泊名利。看似在物质、名利层面的"无用",恰恰是强调了精神价值的神圣与难能可贵。在本质上,"无用之用",常常要胜于"有用之用";因为,重要的是满足于心灵的需要,守住魂魄;精神价值,永远高于实用价值。

作为一个整体,需要多视角、大视野去"看"待。对于这一点,我们可以划分一些层面来讨论。

第一个层面,"现实"的层面。比方说,同样是一块金刚石,艺术家"看"到的,是她的"美";珠宝商人"看"到的,是她的"值钱";而工程师"看"到的,是她的"物理性能"、"工业用途"。

然而,尽管这些"看"法不同,"看"的角度不同;但是,都还只是现实的、世俗的,多少都会受人世间的生存需要或利害功用的影响。

第二个层面,"超越现实"的层面。在这样一个层面上,"看"就需要"超越""'肉'眼",用"'心'眼",要用佛教提倡的"'慧'眼"。佛教强调的是修"心","历事炼心",调整心态。调整心态,实现自我调整、自我约束、自我重建、自我完善。就像《心经》开篇就说的:"观自在菩萨,行深般若波罗蜜多时,照见五蕴皆空,度一切苦厄。"要"看见"并"达到""空"、"无",才有可能"超度"人世间的"一切苦厄"。

佛教修行,讲究"观",特别是对佛陀、菩萨乃至自己的"行"之观。《心经》里的"观",与所要"观"察的"行"(自然包括"修'行'"在内)相关。"行深般若波罗蜜多",讲的就是"修'行'"和"修'行'"的足够"深"度。这个对"观"的强调,大概也与"心"、"心眼"的突出有关。更何况,有"观"才有下面的"照见"。

第三个层面,这样一种的"用'心'"之"观","心"一定是"清净"的,一尘不染的。所以,是"'净'观";所谓"净",对佛教的"信仰"以及对佛陀、菩萨的"虔诚","心"是根本。

第四个层面,除了"心"的"清净","观"者还得具有相当高深的"智慧",功夫得"到家"才行,得有"慧眼";仅仅有世俗的智慧是不够的,小聪明那就更不顶用啦!

在《金刚经》的开篇,也是描述对佛陀之"行"的所"见":"……尔时,世尊食时着衣持钵,入舍卫城乞食。于其城中次第乞已,还至本处。饭食讫,收衣钵,洗足已,敷座而坐。"

读《金刚经》全文,根本就在于"看"明白这一段,"看"懂佛陀所作所为的意思。佛陀,身教重于言传;因此,首先要学会"看"懂佛陀的"行为"。佛法,最重要的、最根本的,是在佛陀的"行"中,而不是在佛陀的"言"中。佛陀,是众生行动的榜样。

例如,饮食起居,佛陀都是亲力亲为,强调"自力更生"。中国的佛门后人,曾立下"百丈清规":"一日不作,一日不食。"也就是说,人一天不干活,就一天不吃饭。

再如,要讲"时"、守"时",每天一到"食时",即"入""城乞食"。即便已经成了佛,对众生仍然不离不弃。"天天"如此,"亲近"、"尊重"

众生有加,视众生为衣食父母。

另外,"次第乞已",强调乞讨要挨家挨户,不分贫富贵贱,一律平等。

显然,一个哲学工作者具备了这样一种操守和"空"、"无"的视野、境界,就有可能在哲学领域内打破科学方法甚至是艺术经验的局限,视科学的"真实"、艺术的"真实"为"虚妄假有",都是"缘生不实"的。

事实上,人的生活应该分为"物质的"、"精神的"、"灵魂的"三个层面,如前面已述。

### 5.3 艺术与现象学

"艺术",一种作为"美"的"显现",不可避免地成为了探讨"现象"的哲学即"现象学"的题中应有之义。E.胡塞尔以科学的例如"行为心理学"的成果为哲学思考的基础,而且把 Logie 作为"逻辑"来理解;所以,"现象学"对于 E.胡塞尔来说,就是"科学"的"逻辑"。而 M.海德格尔、H.-G.伽达默尔则转向考察"美的艺术",按照"说"来解读 Logie;因此,对于这样一种艺术"现象学"的"说",也就成为了"美"的"艺术"的哲学的"说"。

在 H.-G.伽达默尔看来,"说"一定是"对话",即便是"自言自语",也是一种"对话",是人与自己心灵的"对话",是有来有往的、一来一往的,是一种有交流的"对""说"即"对话"。它是动态的,是一种活动、语言的"交流活动"。而在他看来,M.海德格尔的哲学语言则是"独白"。

这是在"现象学"的学术体系之内,H.-G.伽达默尔在区别于他的两位老师 E.胡塞尔、M.海德格尔哲学思路的情况下,对他自己哲学的基本路径进行的解释。

### 5.3.1 对以往美的哲学思考的回顾

重视思想观念以至心灵、灵魂。H.-G.伽达默尔回到 A.鲍姆伽登的"艺术""感性论"以弥补"科学""理性伦"。最终,将不可避免地回到"宗教","宗教"探究"天国"与"灵魂"。

在《美的现实性》里，对于"美"，H.-G.伽达默尔做的是一种哲学考察和沉思；并且，还在这本书篇幅本不大的情况下，对"美"的相关哲学思考进行了简明扼要的追溯。

首先，对这样一种的哲学思考，他给予了很高的评价，认为"这是17世纪的伟大创举"。这个创举，突出表现在与"唯理论"的区别上："唯理论"，强调自然的数学的合规律性和对自然的掌控。而"美和艺术的经验"、"处于个别性中的感性事物"，则被A.鲍姆加登纳入了"感性论"；它们不是"像可用数学来表示的自然规律那样的'普遍之物'才是真的"。

"艺术作品所具有的'真'，并不在于一种在艺术作品身上表现出来的普遍规律性。"美，"出乎意料地抓住了我们，并且使我们情不自禁地流连忘返于那独特显现之处"。美学、艺术哲学，同样探索"真"；但不同于"科学"，不重"普遍规律性"。对于美学、艺术哲学来讲，"出乎意料"、"突然显现"、"情不自禁"、"流连忘返"，才是其需要我们关注的独特之处。

与此同时，H.-G.伽达默尔着重肯定了：A.鲍姆加登借助于雄辩、演说即语言艺术的角度，来从哲学层面上看待和定义"美"与"艺术"。其理由，依然是某种对于"科学"的优越性："雄辩术是人们交往的普遍形式，这种交往相对于科学来说，即便是在今天仍然要无与伦比地深刻得多地决定着我们的社会生活。"辩论，是对话的一种，人们之间语言交往的一种，也是我们社会生活的重要组成部分。

应该说，H.-G.伽达默尔对于"美和艺术的经验"的哲学思考，是继承了A.鲍姆加登的这种对"交往"、"对话"、"语言艺术"的倚重，进而形成了他的解经哲学（Die Philosophische Hermeneutik）。这样的一种解经哲学，事实上就是一种"对话"的"艺术哲学"。

与"对话"相区别的，是"独白"。科学的语言，往往是"独白"的。在H.-G.伽达默尔看来，M.海德格尔虽然侧重于谈论艺术；然而，他使用的语言依然是"独白"的。一天，H.-G.伽达默尔跟我谈起：他有一次去黑森林看 M.海德格尔,M.海德格尔问他最近哲学家们在讨论些什么?H.-G.伽达默尔告诉他,说人们正在谈论"对话"的问题,可这似乎并没有引起 M.海德格尔的注意和兴趣。

### 5.3.1.1　从"行为心理学"到"逻辑现象学"

E.胡塞尔"意识哲学"的提出,受到了 F.布伦塔诺"行为心理学"的启发。这种"行为心理学"的一个重要理论贡献,就是:把心理学的研究重点,从感觉、判断的"内容"转移到感觉、判断等"行为"本身。更重要的是,F.布伦塔诺"行为心理学"提出了"意向性"、"本质直观"等概念,并形成了一种"现象学的方法"。这种方法,是通过人的"内部知觉"(innere Perzeption),对仍留存在记忆中的心理现象进行观察;并作出描述。这种方法,和柏拉图的"回忆"说,以及佛教的"回想"等等,都有异曲同工之妙。

不过,在 E.胡塞尔看来,F.布伦塔诺采取的是心理学的学科角度,所描述的诸如"看"之类是"心理行为";这种描述,是心理学的,因而仍然属于科学的领域;而相关的"现象学的方法",也属于心理学这种科学的范围。为了能够既汲取"行为心理学"对"行为"研究的科学成果,又摆脱其心理学的学科局限,E.胡塞尔对 F.布伦塔诺"行为心理学"所涉及的"心理行为"进行了哲学的探讨;他把"行为心理学"所谈论的"心理行为"作为"意识行为",进行了"哲学"的讨论。

这样一种开创性的哲学工作,突出地显现在《逻辑研究》这部巨著之中。他从"逻辑"的角度来讨论"判断"等"意识行为",把原有的"心理学论题"变成了"逻辑学命题",从而实行他对"行为心理学"的"逻辑学改造",以实现他的"去心理学"的哲学尝试。因为,这个时候的 E.胡塞尔对"心理学"的批判和划清界限,突出地依重了"逻辑学";所以,他的这种现象学,甚至可以称之为"逻辑的现象学"(Phaenomenologie des Logischen)[51]。

在人世间,无论多么聪明智慧、记忆力超强的人,都常常会犯这样一种糊涂:一种东西,当你不问他的时候,他觉得很明白;而一旦你去问他时,他竟一时想不起来,根本不知从哪里说起了。

所以,中国的圣人常常说,要"学而时习之","温故而知新"。在西方,这种做法,竟成为一种重要的哲学思路。例如,M.海德格尔的重建"'存在'哲学"。他在论述"存在者"和"存在"的时候,就引用了柏拉图《智者篇》里的这么一段话:"当你们用'存在者'这个词的时候,显然你们早就很熟悉这究竟是什么意思;不过,虽然我们也曾相信领会了它,现在却茫然失措了。"

因此,M.海德格尔"要重新提出存在的这个意义问题","现在首先要重新唤醒对这个问题的意义之领悟"。他写《存在与时间》"的目的就是要具体地探讨'存在'的意义问题,而初步目标则是把时间阐释为使对'存在'的任何一种一般性领悟得以可能的境域"。在这里,M.海德格尔明确、毫不含糊地指出:"时间阐释",使得"理解""存在"成为了可能。"存在"的"理解"何以"可能"? 通过"时间"去"解释"呀! 在《美的现实性》中,我们也明显可以看出"时间""解释"是何其重要!

所以,M.海德格尔鉴于"存在的遗忘"、"对存在的似懂而非懂","重新唤醒"人们关注"存在的意义"问题。这是对"存在"的一种"拯救"。前面,我曾讲到"'是'什么"。我们解读经典,当然要涉及它"说"了些什么;然而,又不能只是关心它"说"了些什么,不能停留在这些"说"的上面;而是要着力弄懂它所"说"的事情,究其实"是"些什么。这些问题,我在这里稍作学术性的展开;就从古希腊的那个词 to ön 说起吧!

已故的王太庆先生曾指出,对于 to ön 这个古希腊词,可以有以下三种不同的解读:"从中国人的观点看,西方人说的'是'有三个意义:(1)广义的'起作用'(这种'作用',应被解读为相互作用——作用从来就是相互的),相当于我们传统哲学中的范畴'有';(2)判断中的系词,相当于我们东汉以后的系词'是';(3)用于时间、空间的动词(海德格尔侧重在此,特别是时间意义上的),相当于汉语的动词'在'。这三个意义在西方人看来是同一个意义的三个方面,在我们中国人看来却是三个互不相同的独立意义。"[52]王先生的这个说法,有助于作出这样一种区别,而这种区别对于理解 E.胡塞尔和 M.海德格尔都是至关重要的:在《逻辑研究》这部现象学的开山巨著中,胡塞尔讲"判断"的地方,to ön 是判断中的系词,to ön 应该读为"是";而在《存在与时间》一书里,海德格尔用"时间"来解读 to ön,to ön 应该读为"存在"。to ön 这个古希腊词,德文相应的词是 sein。sein,对于 E.胡塞尔探讨"判断"的地方,应该看作"是";而在 M.海德格尔把 sein 与"时间"相结合时,它就是"存在"。

不过,M.海德格尔并没有就此止步。柏拉图的 Idea 是古希腊的动词"看"的名词形态,以此来解读"现象";并且,又从柏拉图的 Idea,追溯到巴门尼德的 to ön;因此,"现象"在这里就成了 to ön。这样一来,Idea 就是"存在"了,而不是"观念"了。换句话说,M.海德格尔对"现象"的探究,就从柏拉图的 Idea 进一步回溯了巴门尼德的 to ön,探讨 to ön 之 to ön。"'现象'学"也就成了"'存在'学";从而,和把 Idea 解读为"观念"的 E.胡塞尔的"'意识'学"区别了开来。

从根本上来讲,巴门尼德的讨论 to ön,是为了探究"真理";按照王太庆先生的说法:巴门尼德是为了"求得普遍适用的真理","他才提出他的'是论'。"[53]这就是说,从一开始,关于 to ön 的讨论,就是为了求得"真理"的。由此,M.海德格尔的"真理"追求,被付诸于"'存在'哲学";而 E.胡塞尔的"真理"追求,则被付诸了"'意识'哲学"。

把"逻辑"和"生活"进行对比,认识到"生活"比"逻辑"重要的,另一位是 L.维特根斯坦。他曾痛苦地意识到,相比起在逻辑方面所获得的清晰性来,在个人生活里他竟简直是一塌糊涂!他说:"当一切有意义的科学问题已被回答的时候,人生的诸问题仍然没有触及到。"而"一种表述只有在具体的生活之流中才有意义"。

1990 年,在出版的《维特根斯坦传:天才之为责任》一书中,R.蒙克所写的这部传记试图告诉我们:在 L.维特根斯坦看来,伦理生活要比逻辑重要得多。区别于追究"逻辑"的"是其所是",L.维特根斯坦认为,更重要的是如何在自己的人生中成为"自己之所是"。1951年4月28日,L.维特根斯坦去世,留给这个世界的最后一句话是:"告诉他们我度过了极好的一生。"

显然,就人的一生来讲:最重要、最根本的是"实际的'活'"、"活"得怎么样!而不是"想"得怎么样,或者"说"得怎么样。

5.3.1.2 "sein"从"是"到"存在"

E.胡塞尔明确区别了两种不同的"sein":一种是"作为真之客观和第一性的意义的";另一种则是作为"'肯定性'范畴陈述的系词的"。

我赞成:即便完全从谓词判断的角度来看,二者也是不能混淆的。因为,在E.胡塞尔看来,凡是与"真"相关者,是被"体验"的,并且是未被"表达"的。即使是"判断的真之意义上的是乃被体验到,但未被表达出来,也就是说,它永远不会等同于那个在陈述的'是'中被意指被体验到的是"。[54]

这里,他强调了:在"真"的问题上,"体验"与"表达"的区别。重视作为"生命体悟"的"体验",乃至后来关注科学和逻辑背后的人生实际,探索理论与逻辑存在的有效性的最终基础,隐含着向"生活世界"的转向。

这样,E.胡塞尔就把和"真"相关的"sein",与作为判断系词的"sein"从根本上区别了开来。而M.海德格尔则离开"判断"、命题,重新探讨"sein"的"真理"、"起源"问题。

我们从"sein"的这个双重意义,可以看出:"sein"作为系词的意义并不是唯一的,由此而构成的命题的真,也不是唯一的。

E.胡塞尔侧重于讨论"sein"作为系词的"逻辑"意义。E.胡塞尔在《逻辑研究》中讨论"真理"与"sein"问题时,比较侧重于逻辑方面,并注重"真理"和"sein"的区别。从这些方面来看,E.胡塞尔未能从根本上摆脱以自然科学为范本的形而上学的哲学路线。

M.海德格尔看到了E.胡塞尔现象学中的"逻辑中心主义",并试图克服之;于是,他提出Da-sein的"sein的'在'哪儿"的问题,把"sein的问题"引向"sein 的'是'什么"之外,来代替原有的对"sein 的'是'什么"的问题,以此转换 sein 的问题域。

针对这一点,M.海德格尔对 E.胡塞尔的这种"真理"和"sein"的讨论的"逻辑学倾向"进行了批评。对于"真理"和"存在"的讨论,M.海德格尔撇开判断、命题与逻辑关系,把它们放在"时间"的视野之中,做历史的回溯,语源学的解读。

"sein"所对应的古希腊文,在古希腊是"农庄"的意思。"它与起源与原初之物的含混谈论毫无关系。例如,M.海德格尔教导我们:从实体(ousia)——在场的在场性——辨认出希腊语的 oikos[家、家产],并因而以一种新的方式把握希腊人对存在的思考的意义。但是,这不是掉过头来走向一个神秘的起源,就算 M.海德格尔本人也谈到'存在之声'。无论如何,当从学术异化中转过身来之际,M.海德格尔的确通过他对古希腊思想的洞见达到了一种自我发现,这一发现引领着他宣布了《存在和时间》的主题;而当它由于存在者的暂时性之故而被推进到最后结果时,他在后期称之为 Ereignis。所有这些都是在对被传统固化的概念性进行解析的道路上完成的。""海德格尔从路德那里领会到,每一次回到亚里士多德也必须弃绝亚里士多德。"[55]

### 5.3.1.3 "sein"和真理

"sein"作为概念,起源于何处? E.胡塞尔认为,它"的起源并不处在对判断或对判断充实的'反思'之中,而是真实的处在'判断充实本身'之中。"[56]

这里非常清楚:在讨论"sein"这个概念的起源问题时,E.胡塞尔进行了"判断"这种"行为本身"和对"判断"的"反思"这样两个不同层面的区分,并认为"sein"这个概念的起源是在于"判断"这种"行为本身",而不是在对"判断"的"反思"。只是在"判断"这种"行为本身"之中,"sein"这个概念的起源才具有"真实"性。

E.胡塞尔接着又说:"从一开始便不言自明的是:一个通常的概念(一个观念、一个种类的统一)只是'产生出来',就是说,它自身在一个行为的基础上被给予我们,而这个行为至少以想象的方式将某种与它相应的个别性置于我们眼前,与此相同,也只有当以现实或想象的方式将某个是置于我们眼前时,是这个概念才能够产生出来。如果我们将是看作是谓语的是,那么就必定有某个实事状态被给予我们,而且这当然要通过一个给它的行为——那个通常感性直观的相似者。"[57]

这就是说,首先,得有一个行为,把"sein"给予我们、置于我们眼前;"sein"的被给出,是在一个行为的基础上的。其次,这种行为的方式,可以是现实的或想象的,至少是想象的,得是类似于感性直观的那种;因此,我们才有可能"看"到。而又因为把"sein"看作是谓词,处于判断之中;所以,会连带出与此相关的事物之间的相互关系,一并让我们"看"到。也只有在这些情况下,"sein"这个概念才能够产生出来。

换句话说,"sein"是谓词,处于"判断行为"之中;而正是这样一种的"判断行为",是它的产生之地。换句话说,作为判断的系词,它只能起源于判断本身的进行、形成之中,而不是处在对判断或对判断形成的反思之中。"sein"这个概念,是从"判断行为"中直接产生出来的。这就是说,是"判断行为"给出了"sein",而不是"反思"。

另外,E.胡塞尔还讨论了"sein"的概念与词的关系。

#### 5.3.1.4 "sein"作为概念和词

稍微谈谈抽象的基础。先有词,后有概念。

E.胡塞尔的这种描述,首先出现在他的《逻辑研究》:"sein 概念和其他范畴的起源,不处在内感知的区域中。"这就成为对"行为"的描述从心理学向哲学转向的一个重要转折点。哲学的现象学由此而生。

sein 概念的起源在何处? E.胡塞尔提出了这样一个问题,并且肯定地说:这个起源"不处在内感知的区域中"。那么,这个起源究竟在哪里呢?

"起源"问题,就成为现象学哲学的一个基本问题。M.海德格尔也讨论"起源"问题,只不过是在"艺术"的领域里,而不再是在"科学"的或者"命题"的领域之内了。

### 5.3.1.5 真理不仅仅与命题有关

在现象学的创始人那里,也曾有过这样的反思:

> 人们对真理、正确性、真实之物这些概念的理解,通常要比我们的这种做法更为狭窄:它们仅仅与判断和命题,或者说,仅仅与判断和命题的客观相关物有关。

> 毫无疑问,我们有权对这些概念做更为一般的理解。实事的本性要求我们将真理和谬误的概念至少先做这样的扩展,使它们能够包含客体化行为的整个领域。同时,最恰当的做法似乎是将真理和存在(是?)的概念区分开来……[58]

在这里,提出了"真理"不局限于"判断"与"命题",并且与"概念区分开来"。

### 5.3.1.6 语言学转向

现象学中的"语言学转向"。语言,被放到人的本质和人作为生命体的高度来进行考虑,这可以从 M.海德格尔的一些论述中明显看出:

"唯语言才使人能够成为那样一个作为人而存在的生命体。""语言是最切近于人之本质的。""人们深思熟虑,力图获得一种观念,来说明语言普遍的是什么。适合于每个事物的普遍的东西,人们称之为本质。按流行之见,一般地把普遍有效的东西表象出来,乃是思想的基本特征。据此,对语言的思考和论述就意味着:给出一个关于语言之本质的描述,并且恰如其分地把这一描述和其他的描述区别开来。"[59]这里的关键词是:语言、本质、思想、描述。其中别的词,都围绕着说明语言。

显然,这样一种的"转向",是哲学的,事关哲学的基本问题,例如"本质";然而,"本质"以及强调"思想"的普遍有效性。这表明:这种"转向"依然寻求"普遍有效",走的还是旧形而上学的路线。

这种"语言学的转向",其新意可以说是把以往对古希腊的"逻各斯"进行的"逻辑"、"理性"的解读,转换成"语言"的特别是"口语"的;

也就是说,对于 M.海德格尔来说,"逻各斯"已经不再是"逻辑"和"理性",而是"语言"、"说"。因此,"我们要沉思的是语言本身,而且只是语言本身。语言本身就是语言,而不是任何其他东西。""探讨语言意味着:恰恰不是把语言,而是把我们,带到语言之本质的位置那里,也即聚集人发生之中。"[60]换句话说,"说"就是"说","而不是任何其他东西";"说"是一种"动作"、"行为",在这里,哲学只研究这样的一种"行为"。

所谓"语言本身",对于 M.海德格尔而言,不过是那种"纯粹所说":"如若我们一定要在所说之话中寻求语言之说,我最好是去寻求一种纯粹所说,而不是无所选择地去摄取那种随意地被说出的东西。在纯粹所说中,所说之话独有的说话之完成是一种开端性的完成。纯粹所说乃是诗歌。"M.海德格尔认为,哲学家应做的工作,就是要"能成功地从一首诗那里听到纯粹所说";对于这种诗,是要经过选择的:"我们要选择一首诗作为纯粹所说,它比其他诗歌更能帮助我们"[61]。这段话里,有几点很值得我们注意,特别是后面我们在讨论他与 H.-G.伽达默尔的区别的时候。例如,M.海德格尔的这样一种"纯粹所说",不是那种"无所选择"的、"随意地被说出的";而且是"有始"的,是诗歌类的。H.-G.伽达默尔则把"语言"、"说话"理解为"对话",这种"对话"则是不作事先规划、不做选择的,是"随意"的,是无始无终的。

这样一种的对语言的思考,就和"受过逻辑训练的心智"区别了开来,"人们不光是要把起源问题从理性逻辑的说明的桎梏中解放出来,而且也想消除对语言的纯粹逻辑描述的界限。与那种把概念当作词语意义的唯一特性的观点相反,人们把语言的形象特征和符号特征推到突出的地位上。于是乎,人们致力于生物学和哲学人类学,社会学和精神病理学,神学和诗学,以期更为广泛地描述和说明语言现象。"[62]

在这里,M.海德格尔所着力进行的,则是和 E.胡塞尔哲学的基本界限的划清。E.胡塞尔对 F.布伦塔诺的"行为心理学"或者说是"心理现象学"的哲学改造,首先是一种"逻辑"的改造,他从"理性逻辑的说明"进入"纯粹逻辑的描述"。而 M.海德格尔正是对"纯粹逻辑的描述"再求突破，区别于"概念"，"把语言的形象特征和符号特征推到突出的地位上"，并借助于"生物学"、"人类学"、"神学和诗学"等，求得对"语言现象"的新的哲学解读。这是 M.海德格尔在现象学里所实现的"语言学转向"。这样一种的"语言学转向"，构成了现象学中的"解释学转向"。

不过，M.海德格尔通过诗歌语言的探讨，把诗歌的语言与"以历史学、生物学、精神分析学和社会学等等学科热衷于赤裸裸表达"区别了开来[63]。也包括"痛苦"的不能照搬人类学的解释，"亲密"的不能按照心理学的理解[64]，甚至不能"仅仅把人之说话当作人类内心的表达"，而且"不要以为表达就是人之说话的决定性因素"[65]。这是一种努力，它努力把对语言的探讨和一切科学（包括人文科学）的语言区别开来；因此，他特别借重诗歌的语言。

对此，H.-G.伽达默尔曾做过如下评价："当海德格尔把'理解'这个主题从一种人文科学的方法论学说，提升为此在存在论学说，提升为此在存在学的实存论环节和基础时，解释学维度就不再意味着现象学的根植于具体知觉的意向性研究的一个较高层面了，而是以欧洲为基地，使几乎同时在盎格鲁—撒克逊逻辑学中实现的'语言论转向'（lin-guistic turn），同样在现象学研究思潮中突现出来了。在 E.胡塞尔和 M.舍勒（Max Scheler）对现象学研究的最初展开中，尽管有向生活世界的各种转向，但语言问题还是完全蔽而不显的。在现象学中复现的对语言的彻底遗忘，早已构成了先验唯心论的特征。"[66]

由此不难看出，M.海德格尔在现象学中引进解释学，被 H.-G.伽达默尔看做是"'逻辑学'中实现的'语言学转向'"。这一点，被作为 M.海德格尔对于现象学改造的最大贡献。而且，这与向生活世界的转向并不是一回事！不过，H.-G.伽达默尔则是把二者结合起来的，"对话"的凸显，既是语言学的，也是生活世界的。

不过，E.胡塞尔、M.海德格尔和 H.-G.伽达默尔所做的，大多是哲学地以不同的方式的描述、谈论,而不是关注"行为"本身;这些描述、谈论,事实上都疏远、脱离了"行为"本身。而关注"行为"本身,或者说对"非语言"的"行为"的关注,必然要"超越"语言。

### 5.3.1.7　解释学和现象学的方法

M.海德格尔所探讨的"'存在'哲学",受 E.胡塞尔的影响,是建立在 E.胡塞尔的"现象学"的基础上的,采用的是"现象学"的方法。他说:"随着存在的意义这一主导问题,探索就站到了一般哲学的基本问题上。处理这一问题的方式是现象学的。""'现象学'这个词本来意味着一个方法概念;它不描述哲学研究对象所包纳事情的'什么',而描述对象的'如何'";但它"远离我们称之为技术方法的东西"[67]。这就是说,此"方法"已非彼"方法",不是通常那些理论学科特别不是物理学中所用的"方法"啦! 物理学,是研究"物"是"什么"的,例如是"原子"呢? 还是"波"呢?

他甚至认为:"存在论只有作为现象学才是可能的"[68]。借助于"现象学"的"方法",海德格尔确立了"存在论"的任务:"把存在从存在者中崭露出来,解说存在本身,这是存在论的任务。"[69] "崭露",讲的是"现象"的"显现";"解说",指的是"说"。或者说,"存在"被"存在者"遮蔽、掩盖了,需要做某种的"剥离"、"揭示",这是"说"的功能。

何谓"现象学"? "现象学"的德文是个复合词 Phaenomenologie,由 Phaenomen 和 logie 两个词组成。Logie 一词多义,可以读为"逻辑",也可以读成"说话";从古希腊的源头上来看,它本是"说话"的意思。如果把 logie 不再解读为"逻辑",而是解读为"说话";那么,"现象学"就不再是"现象"的"逻辑",而是"现象"的"说";"现象"的哲学思考因而着眼于"语言"问题,而不再是"逻辑"问题。

"现象学",本是对"现象"之"显现"、"说";根据这样一种"现象学","存在论"也就成为"存在"之"显现"、"说"。

这里还涉及"看"。"现象"的"显现",本来就与"看"有关;而且,还可以从柏拉图的 Idea 这种"现象"那里得出,Idea 其实就是"看"。而作为"说"的"逻各斯",就是"把某种东西展示出来让人看","让人看言谈所谈及的东西"[70]。所以,总起来说,"现象学是说":"让人从显现的东西本身那里,如它从其本身所显现的那样看它"。[71]从"存在的意义"的探讨出发,其"结果就是:现象学描述的方法上的意义就是解释。此在现象学的 logos 具有解释的性质。通过解释,存在的本真意义与此在本已存在的基本结构就向居于此在本身的存在之领悟宣告出来。此在的现象学就是解释学(Hermeneutik)。"海德格尔所建立的这种"作为此在的存在之解释"的"解释学",成为了那种"历史学性质的精神科学"[72]。

### 5.3.1.8　解释学和诗歌

M.海德格尔通过诗歌语言的探讨,把读者引入诗歌的"世界",观照"本质",引向"此在";而 H.-G.伽达默尔通过"对话",则把文本引出其自身,"温故而知新"。

M.海德格尔认为,诗歌表现了"诗所用形象的一种特别的美。这种美增添了诗的魅力,强化了艺术形象的美感上的完满。"[73]在对具体诗作的解读中,M.海德格尔并不是按照流行的观念,把"语言"作为"人对内在心灵运动和指导这种心灵运动的世界观的表达"。因为,在他看来,"就其本质而言,语言既不是表达,也不是人的一种活动。语言在说。我们现在是在诗歌中去寻找'语言在说'。可见,我们寻找的东西,就是那种所说之话中的诗性的东西(das Dichterische)。"[74]这样,我们就既不能从"表达"、也不能从"人"的角度去看待"语言",而只能把"语言"作为"命名",作为一种"召唤","命名在召唤。这种召唤把它所召唤的东西带到近旁……"[75]

诗歌不仅仅是在"描述",更重要的是在"创造":"一首诗歌就是创造。甚至看起来是在描述的地方,诗歌也在创造。诗人在创造之际构想某个可能的在场着的在场者……"借助于诗歌的语言,M.海德格尔着力和"描述"区别开来:"屋子已准备完好,餐桌上为众人摆下了盛宴。这两行诗宛若陈述句,仿佛是强调说明现成事物的。诗句中确定的'是'听起来就是这样。但它有所召唤地说话。诗句把备好的餐桌和收拾停当的屋子,带入那种趋向不在场的在场之中。""落雪把人带入暮色苍茫的天空下,晚祷钟声的鸣响把终有一死的人带到神的面前。屋子和桌子把人和大地结合起来。这些被命名的物,也即被召唤的物,把天、地、人、神四方聚集于自身。""我们把在物之物化中栖留的天、地、人、神的统一四重整体称为世界。"[76]而这样一种的"世界",在 M.海德格尔看来,与以往的、流行的"世界"观念完全不同。他说:"这四方统一的四重整体就是世界。这时,'世界'一词再也不是在形而上学意义上被使用了。它既不是世俗所见的包括自然和历史的宇宙,也不是指神学上所设想的上帝的造物[mundus(世界、人世)],也并不单单指在场者整体[kosmos(世界、宇宙)]。"[77]

通过诗歌的语言,M.海德格尔把他所遭遇的"语词"、"话语",和以往的形而上学的、日常生活的乃至神学的"语词"、"话语"都统统区别了开来。针对日常语言和诗歌的关系,他说道:"本真的诗从来不只是日常语言的一个高级样式,即旋律(Melos)。而毋宁说,日常语言倒是一种被遗忘了的、因而被用滥了的诗歌,从那里几乎不再发出某种召唤了。"[78]能否发出"召唤",正是日常语言和诗歌之间的一种本质性区别。

"原始的召唤令世界与物的亲密性到来,因而是本真的令。这一本真的令乃是说话的本质。说话在诗歌之说中成其本质。"[79]重要的是"原始的召唤"、"本真的令"! 这是诗歌的"本质"。然而,所谓"本质",也不再是某种"过去"的东西。这也是对"本质"的一种重新解读。例如,M.海德格尔说:"痛苦已把门坎化成石头。'……已把……化成石头',这是诗中唯一一个用过去时态表达的词语。但它命名的不是某种过去的东西、不再在场的东西。它命名已然现身成其本质的东西。在石化之已然现身中,门槛才首先成其本质。"

### 5.3.1.9　"对话"

"对话"的没有始终。在 H.-G.伽达默尔看来,"说话"永远是"对话":"尽管如此,当他们谈论'形而上学语言'、'正确的哲学语言'以及诸如此类的东西时,我仍未能够追随海德格尔或其他任何人。对我来说,语言永远只是我们与他人讲话或对他人讲话的东西。"[80]

在语言问题上,H.-G.伽达默尔以自己的"对话"理论批评或者说补充、修改了 M.海德格尔的言辞的"起源"理论。"对话",是一问一答;一个答案的出现,并不是问题的结束,而只是新问题的开始。就这种"对话"理论而言,"对话"是永无止境的;也就是说,没有"结束",是"无限"的,因而没有"最终"的那个词;既然没有"最终",当然也就没有"最初",无"始"无"终"。而 M.海德格尔则着眼于词的"起源",他是主张"有"始"有"终的。

在艺术作品方面,M.海德格尔大讲其起源问题,他的那篇划时代的巨著,书名便是《艺术作品的起源》! 而我们正在解读的 H.-G.伽达默尔的名著《美的现实性》,就更换了问题域。

"对话"的超越自我。并且,"对话"还意味着:讲话,不能总是一个人自己对自己讲,而是要对他人讲;与此同时,还要去听参与对话的对方讲。这样,也就不能只讲自己所懂的语言,并且要能听懂他人所讲的话语。这也就意味着,人必须学会聆听新的鲜活的语言,有一种"朝向新鲜"的永远兴趣和能力。朝向"新",永远向前,却无终点。

"对话"与概念的起源。就古希腊而言,语言往往是"对话"的,是人们用以"交谈"的。而苏格拉底、柏拉图正是从这样一种的日常交谈中发展出了哲学的"概念"。亚里士多德的《形而上学》第五章(Delta),曾经分析过语词在实际口头的用法,说明了概念是怎样从这种日常交谈的语言中产生发展的[81]。

"古希腊的概念性,在其向拉丁语以及接着向现代语言的插入过程中经受的异化,使亚里士多德的评论变得说不出话来。如此一来,这一异化就将一个任务摆放在我们面前了:解析的任务。"解析(Destruktion)"是拾起那些僵化的、无生命的概念,并再次赋予其意义。这种活动所服务的目的并非朝向身后的一个神秘起源、一个本原(arche)或诸如此类的东西。那是一种致命的误解"[82]。从"语言"的层面上来看，"解释"就是给那些"僵化的、无生命的概念，并再次赋予其意义"。

"解析的目的，乃是在活生生的语言中，使概念以其交织混杂性说话。这是一个解释学的任务。它与起源与原初之物的含混谈论毫无关系。例如，海德格尔教导我们：从实体（ousia）——在场的在场性——辨认出希腊语的 oikos［家、家产］，并因而以一种新的方式把握希腊人对存在的思考的意义。但是，这不是掉过头来走向一个神秘的起源，就算海德格尔本人也谈到'存在之声'。无论如何，当从学术异化中转过身来之际，海德格尔的确通过他对古希腊思想的洞见达到了一种自我发现，这一发现引领着他宣布了《存在和时间》的主题；而当它由于存在者的暂时性之故而被推进到最后结果时，他在后期称之为 Ereignis。所有这些都是在对被传统固化的概念性进行解析的道路上完成的。""海德格尔从路德那里领会到，每一次回到亚里士多德也必须弃绝亚里士多德。"[83]

"对话"，不是要回到柏拉图，而是要向前。"我确实转向了柏拉图的辩证法的开放性"，"他不间断的辩证法和对话活动仍保留着某些交谈的巨大秘密，交谈的持续性不仅转变了我们，而且总是将我们重又扔回到我们自身，并将我们结合在一起。柏拉图的诗意力量极其之大，以至于能够做他本人能做的东西—即将每一个读者带向一个新的'目前（present）'。这也就是说，他本人就投身于对僵化词语的解析（Destruktion）——甚至，在他的许多神话中，他对不复具有约束力的理念进行'解构（Deskonstuktion）'——以解放思想。"[84]。

### 5.4　人的"动物性"和思想文化

在人类社会中，人们提倡"天赋人权"；这就是说，人的"权利"是"天赋"的，是"生而有之"，是不容剥夺的。不过，在当今的世界上，这种说法，在"理论"上反对的不多；而在实际上、在实际的行为中，人的应有"权利"却常常遭到侵犯甚至被剥夺。

究其原因，人身上尚存的"动物性"以及不少人依然奉行的"丛林法则"是主要的。这里,体现了两点:一是强烈的占有欲和争夺的血腥;二是残忍的伤害性。

人们常说,人是从猴子变来的。看过猴子王国的这部片子的人,会觉得里面的猴子的所作所为,很像现实生活中的人。例如,那里面的猴王有着极强的占有欲,什么好东西都得牠先享受,而且妻尽牠王国里的母猴。一旦等到这只猴王老了,新的王位竞争者就出现了,作出种种挑衅举动,例如公然奸污猴王的母猴等,逼迫老猴王应战,最终把老猴王逼上死路而夺取王位。新的猴王即位,开始新一轮的占有和侵害。

在我们人类的当今世界,即便是在那些自称为最民主的西方国家,奉行的依然是"强权政治"。他们随便找一个借口,就可以发动战争,例如在阿富汗、伊拉克、利比亚等地。这样一种的世界"霸权",往往又是靠"强力"乃至"暴力"夺得的,必须有"强力"乃至"暴力"的支撑。他们不断地研制"大规模杀伤性武器"而压制乃至剥夺别国的相关权利,就是为了建立这种"强力"、"暴力"的垄断性支撑。在一个崇尚"霸权"、"强力"乃至"暴力"的社会里,普通人特别是弱势群体的"权利"极容易受到伤害、侵犯甚至剥夺。

这样一种社会现实的造成,有人类其长久的沿袭和深层的"动物性"基因。

### 5.4.1 从"动物性"反观"文化教育"

H.-G.伽达默尔的注重"艺术经验",被看作是一个"朝构成物的转向"（Verwandlung ins Gebilde）。值得注意的是,Gebilde 这个词是bilden 这个动词完成式的名词化,与"教育"的意思密切相关。而"教育",正是古希腊以来的特别是解释学的哲学主题。由此,可以找到与"艺术作品"的词源关系,深入发掘"艺术经验"的深层本质。

"教育",在古希腊的思想文化中,占有十分重要的地位。"教育",是人文的起步。在《真理和方法》这部代表作中,H.-G.伽达默尔正是以"教育"来开篇,来描绘、阐述他的解释哲学的。他突出的是其中的"人文"精神。

而英国的著名动物学家 D.莫利斯(Desmond Morris)则相对于人的"文化"层面,强调了其"基本的生物学变化"、"动物"层面的不可或缺。通过"人"与"裸猿"的比较研究,他指出,在人的进化过程中,"大脑"和"身体"的发达要能同步进行。这样,"他既能获得新生活所需的大脑,又可以获得与此匹配的身体。"[85]

D.莫利斯谈到了人的遗传和学习机制,强调了遗传的重要:"他的童年期延长,他能在此间向父母和其他成人学到更多的东西。""先辈所设计的一切技术,他都有足够的时间去模仿和学习。""他接受父母教诲的方式和深度,是其他动物望尘莫及的。但是,光有父母的教诲还是不够的,还需要遗传基因跟上去。就其本质而言,狩猎猿基本的生物变化必须与幼态持续机能同时发生。"[86]

并且,又进一步突出了人"身体低级器官"的重要"扶持"作用:"倘若遗传基因所控制的变化没有发生,那么对狩猎猿幼崽所灌输的新的教育,必然像是永远无法登顶的任务。后天的文化训练能取得丰硕的成果;但是无论大脑的高级中心是多么精妙绝伦的机器,它仍然需要身体低级器官的变化来扶持。"[87]

换句话说,人们需要弄清楚"人类生活"、"人的生存"的"基本面"、"自然"的"基础性"的东西。因为,"基础性"的东西、"基本面",被人们有意无意地忽视了甚至掩盖了;人们往往从那些"人为"的、"人工制造"的、"文化"的东西里去看"人",认为那里面才会有"深层次"的东西;却不知道:"深层次"的东西,往往就在人们的日常的最基本的生活之中。

就人们基本的生活而言,D.莫利斯在《裸猿》中认为:人常常受制于他们自己的"动物本能":"无论我们从事的任务有多么高尚,我们祖先的基本行为模式仍然要露出马脚。以更粗俗的活动而言——诸如饮食、惧怕、攻击、性、育儿,倘若其组织手段只是文化,我们无疑应该能更好地控制它们,以这样那样的方式使之改变,使之更适合技术进步对活动组织方式日益不同寻常的要求。然而,我们并不能完全靠文化手段来组织这些活动。我们一次又一次地在我们的动物本能面前低头认输，暗中被迫承认自己体内躁动着的复杂的动物本性。"[88]

对于人来说，"他的主要麻烦是由文化发展和遗传变化的不平衡引起的。他的文化进步突飞猛进，总是走在任何新的遗传基因变异的前头。而他的基因则较为稳定，老是掉在后面。他常常体会到：尽管他在改造环境中取得巨大无比的成就，可是他骨子里仍然是一只地地道道的裸猿。"[89]

由此，他得出了这样一个结论：人类文明能否继续繁荣昌盛的一个重要前提就是，我们"只有以恰当方式去设计我们的文化，使之不与我们的基本动物需求相冲突，使之不压抑我们基本的动物性，我们复杂得难以置信的文明才会繁荣昌盛"[90]。

但是，人类崇尚"文化"、压抑人的"基本动物性"由来已久；人们已经习惯于从"精神"的、"思想文化"的层面去看待、研究"人"，而基本上不再顾及"人"的"肉体"、"生理"和"动物"（即与"文化"相对）的层面。这样的一种倾向，不仅仅主导着"人"的相关科学研究，当然也在主导着世界的哲坛。我的哲学思考，试图努力扭转这种局面，把对"人"和"人的本质"的探讨，从"精神"、"思想文化"的单一研究，转向"精神"的、"思想文化"的层面和"肉体"的、"动物"的层面相结合；也许是出于矫枉过正的缘故，"肉体"的、"动物"的层面在我的哲学思考中有所侧重。"人"的许多生存方式、行为模式，也许只有从"动物"的层面进行解读，方可获得准确、深入而又全面的理解。

人作为"理性的动物"，人们在讨论"人"的时候，过多地谈论了"人"的"理性"，乃至历史、文化、思想、语言之类，却经常忘记了其"动物"的一面。现在，我们就来看看"人"的"动物"的另外一面。这一面，体现了人许多的不善、不美甚至是丑恶、无耻。但是，这也是人的一些真实的方面，不能不去看，不能不承认，不能人为地加以掩饰。

在世界的一些动物学家看来，例如 D.莫利斯："尽管技术在飞跃发展，人类仍然是相当简单的生物现象。尽管人类有着恢宏的思想、高高在上的自负,我们仍然是卑微的动物,受制于动物行为的一切基本规律。"人,在本质上,是"卑微"的;人的"谦卑",是必需的。"我们必须长期而又严肃地把自己看作一种生物,以此意识到自己的有限性。"我们必须"保持头脑清醒,以便思考生命表层之下的运行机制。"[91]这段话,极其重要! 我认为,它已经在事实上颠覆了以往的"人类学"、"人的生命哲学"。D.莫利斯的这些思想,推动了我对"人的生命"的深层思考;从而,使得我在《读法和活法——〈坛经〉的哲学解读》的基础上继续向前。这使得我在批评 M.海德格尔、H.-G.伽达默尔所依据的"人类学"以及他们自己的关于"人的生命"的哲学思考的时候,有了更重要的科学依据。

尽管,I.康德、F.尼采对"人的动物性"都引起重视并有所讨论;然而,他们对于"人"的哲学思考的重点,仍然在"人"的"理性"或"感性"、"意志"等等"精神"的方面,那些"文明"、"高雅"的方面;而相对忽视了"人"的"物质"、"肉体"、"生理"、"动物"的层面,这些层面看起来"低俗"、"粗野",却是对于"人的生存"至关重要:没有了它们,也就没有了"人的生命"。不过,自从"人"被看作是"理性的动物"以来,思想家、哲学家所关心、注重的是"人"的"理性"等等"精神"层面,而往往忽略了"人"的"肉体"、"卑微的动物"层面。因此,他们并没有触及"人"的基础的、根本的部分;他们对于"人"的"生命"、"本质"的思考,丢掉了"人"的"基础"和"根本",也就难免荒谬。

从时间的长短来看,"人"的具有"理性"、"科学"、"文化"之类,据目前的资料,也只有几千年的历史;而"人"的存在、"人"的那些带有"动物性"的基础性的基本生存能力和智慧的存在,迄今为止,至少也得有几百万年的时间啦! 因此,对于"人"的"生命"乃至"本质"的思考,确实需要一种"长时段"的眼光与视野,以取代以往的那种"短时段"的观察和思考模式。

从这样一个角度,我们来审视"人类学",我就觉得原有的"人类学"产生了问题。一些旧的人类学,它们只是着眼于那些残存的原始部落。如果,我们现在把视线转移到现代都市人身上;那么,"人类学"不就有了一种"新"的模式。现代的都市人是从"人"之初一直持续发展到现在,是那些进化得最快的"人";相对于那些残存的原始部落,他们应该是发展得比较全面的"人",更全面地体现"人"的"理性"和"动物性"的两个不同层面;而且,在数目上也要远远多于前者。作为"人类学",为什么不可以把视线转移到现代都市人身上,研究这样一种能够持续发展得更快的"人"呢?!

因此,我们真的实在需要向 D.莫利斯学习,认真对待人的"动物性"层面,仔细地研究我们"自己的动物属性",从这些属性中找到一些对于"人"而言带有"本质性"的东西,从而推动对于"人的本质"的哲学思考和准确把握。我们不妨就来研究现代的"都市人",看看充斥着高楼大厦的现代都市,像不像 D.莫利斯所说的"囚禁人的动物园"[92]?从中,我们会得到哪些新的"人的本质"思考?

5.4.2 从"动物性"反观"爱"

H.-G.伽达默尔的"人"的一劈两半以及"爱"。

在"性行为"方面,D.莫利斯则突出探索了"人"的"动物性";或者说,他是从"动物性"的角度来看待和进行分析的。他说:在"性行为"上,被称为"裸猿"的今天的"人""处于困境之中"。这种"人","作为灵长目动物"、"作为食肉动物"和"作为高度发达的文明社会的成员",被拉往全然三个不同的方向[93]。根据"在文明进步中最成功的社会里经过大量的抽样调查得出"的结果,D.莫利斯又详细描述了"人"的"性行为"的"三个典型阶段:形成配偶阶段、性前活动阶段和性交动作阶段"[94]。"配偶性生活中反复达到圆满的顶点,显然并不是现代文明高度精细、腐败没落的产物,而是根深蒂固的、有生物学基础的、合乎进化要求的、健康的趋势。"[95]

最后,D.莫利斯甚至得出了这样的一种结论:"人类史前特性的残留,再加上比较动物学对食肉兽和灵长目的研究,给我们描绘了一轴画卷,使我们看见裸猿在远古时期如何利用性机制、如何组织性生活的情况。如果我们抹去公共道德那一层深色的外壳,当代人的性生活的数据似乎也呈现出大致相同的景象。正如我在本章开宗明义所说的那样,人类作为动物的生物属性塑造了人类文明的社会结构,而不是相反:人类文明的社会结构决定了人类的生物属性。"[96]

### 5.4.3　从"动物性"反观"艺术的起源"

D.莫利斯从儿童的"心跳印记"这样一个特殊视角切入,揭示了音乐和舞蹈的起源。儿童有他们"在子宫里已经熟悉的心律"。"多半的民族音乐和舞蹈都采用切分音,这并不是偶然的。在这个领域,音乐和舞蹈动作同样把人带回昔日子宫中那个平平安安的世界中去。少年的音乐被叫作'摇摆乐',亦不是偶然的。近年来,少年音乐被称为'节拍乐'。这个名字更能说明问题。我们再看看他们的唱词是什么'我的心碎了','你的心给了别人','我的心属于你'。"[97]

### 5.4.4　从"动物性"反观"游戏"

D.莫利斯把"游戏"放在母婴关系之中进行考察。"婴儿最早的笑声,是由母亲的'藏猫猫'、拍手、有节奏地屈膝、把婴儿高高举起等游戏触发的。""所有这些游戏全是令人震惊的刺激,但是它们是由'安全'的保护人发出的。""因此,笑声成为游戏的信号,它使母子之间日益增加的戏剧性关系得以继续和发展。"[98]"我们的游戏信号大大拓展,并且在日常生活中取得越来越重要的地位。裸猿进入成年以后,仍然喜欢游戏。游戏完全成了探索天性的一部分。"[99]

D.莫利斯从揭示"游戏"和人的"天性"为基础,进而还把"游戏"和"艺术"结合起来考察。他从绘画、图像探索等中揭示了黑猩猩和儿童的一条共同的游戏原则,即"'增值报偿'的游戏原则"。"这条原则是:以较少的精力获取较大效果的调查—报偿原则。"[100]

他首先以绘画为例,是因为"作为一种行为模式,千万年来,绘画对人类都极为重要。我们可以举阿尔太米拉和拉斯科山洞中的史前壁画作为证明。"[101]"早期的图画,无论是儿童还是小猩猩的,都与传递思想毫不相干。那是发现的行为、创造的行为,是试验图形变化的各种可能性的行为。那是'描绘动作',而不是传递信号。它不需要报偿——涂抹动作本身就是报偿,那是为游戏而游戏的行为。然而,正如许许多多的童年游戏一样,儿童的涂抹行为不久就融入了成年人的其他追求之中。"从人的童年和成年后的区别,他揭示了"传递思想",并非人的"游戏"的初衷;人的童年,充满了探索的天性。"初期涂抹活动的探索天性被淹没了,用图画交流思想的迫切需要占了上风。"[102]

"与绘画不同,音乐不是必须大规模详细传输信息的活动模式。有些文化用鼓声传递信息的做法是一种例外。但是,大体上说,音乐是用来激发公众情绪、协调公众步调的。音乐的创新和探索内容越来越浓烈,它摆脱了任何重要的'再现'职能,成了抽象的审美试验的主要领域。"[103]

在 D.莫利斯看来,不仅仅"艺术"如绘画、音乐都是"游戏",连"科学研究"也不例外:"科学研究这个名字就意味着游戏——我说的正是游戏。从词源上说 research(研究)这个词可以解析为 re-search(重新搜寻)。科学研究正是严格地遵循上文提及的游戏六原则的。在'纯粹'的研究中,科学家利用想象力的原则实际上与艺术家无异。""和艺术家一样,他关注的也是为探索而探索。"[104]

D.莫利斯最后把艺术、科学都归结为"游戏",而"游戏"在 H.-G.伽达默尔看来就是"一来一往"的"重复"运动,他在《美的现实性》一书中再次突出强调了这一点。"一来一往"的"重复"运动,正是人的生命运动的基本特征,例如。呼吸的一吐一纳,眼睛的一睁一闭。这些人的最最基本的最最普遍的生命(与肉体)运动,大多科学家、思想家、哲学家们都没有给予应有的关注和重视。而对于一些比较有见地的思想家、哲学家,人们过多地注意他们的分歧、争论,而忽略了他们之间的交集乃至共同之处。远的不去说,例如 J.德里达,即在"游戏"和"重复性"上,他和 H.-G.伽达默尔就有某些相同的地方。

J.德里达也曾认为:"有一种潜在的作用,它有规则的间隔与解释性的变化。但这种作用离开了重复性将是不可能的。这种重复性能既重复相同的东西,又通过重复本身而引进我们在法语中叫作 jeu("游戏"、"演奏")的东西,这个词不单纯是游戏的意思,而且还有通过在设备部件之间留出间隔而为运动和连接创造条件的意思——这就是代表历史讲话,无论讲得是好是坏。……我们根本无法回避作用……"[105]

综上所述,现在的科学家、思想家、哲学家们都在关注人的生命运动的基本特征,触及了人的潜在的本能和作为动物的生物属性,那些"低俗"、"粗野"甚至"残忍"却对于"人的生存"乃至社会的建构都是至关重要的东西,即"人的生存"和"社会建构"的基础,包括科学、艺术乃至宗教等等之赖于可能的东西。在这些东西之上所建立的思想理论,或许可以称之为人的"生存基础论"。

总而言之,思想家、哲学家应该学会深入社会底层、眼睛向下,去接触、体验人类至今依然存在的那些作为动物的生物属性及其相关生活;在此基础上,才有可能进行正常的生活与思考,以真正了解自己、他人和社会。

## 注释

[1]郑湧:《道,行之而成——走出书斋后的哲学沉思》,第一章第一节"相遇 H.-G.伽达默尔",中国社会科学出版社 2004 年版,第 1 页起。

[2]关于这个"是",在不同的场合还译为"存在",是古希腊哲学的基本概念,也是现象学的基本范畴,下面我们会适时做比较详细的解读。

[3]《论语》之第四《里仁》。

[4][5][7][8]《道德经》,第四十一章、第五十八章、第二十一章、第五章。

[6]牛二是《水浒传》中专门挑战英雄的一个无赖,故事见杨志卖刀有关章节;在我们的现实生活之中,也常见这种无赖,有人称之为"垃圾人"。

[9]天"赐",当然也是"动"的一种,只是不同于"人为"的,更不是"人"的"有意为之"。

[10]以上所引,见《伽达默尔论柏拉图》,余纪元译,光明日报出版社1992年版,第24、31、36页。

[11]此处,我改用了别人的说法。在我写的书里面有不少是应用或改用了别人的说法的,尽量想办法一一注明;若万一有遗漏,敬请帮助增补。

[12]弘一:《切莫误解佛教》。

[13]《坛经》第一品。

[14]《朱子治家格言》。

[15]叶圣陶:《弘一法师与印光法师:一个飘逸一个凝重》。

[16]郑湧:《马克思美学思想论集》,中国社会科学出版社1985年版,"代序"。

[17][28][30][32][33][39][40]参阅《美的现实性》,"象征"部分、"中译本前言"、"中译本前言"、"中译本前言"、"中译本前言"、"象征"部分、"节庆"部分。

[18]弘一:《切莫误解佛教》。

[19][66][80][81][82][83][84]《德法之争——伽达默尔与德里达的对话》,同济大学出版社2004年版,第79、86、81、82、84、84、84页。

[20]伽达默尔:《真理和方法》,上海译文出版社2014年版,第二版序言。

[21][22]赫尔德:《论语言的起源》,商务印书馆2014年版,第4—5、5页。[23][85][86][87][88][89][90][91][92][93][94][95][96][97][98][99][100][101][102][103][104]D.莫利斯:《裸猿》,复旦大学出版社2010年版,第116、34、35、39—40、49、40、255、5、53、54、67、84、111、120、121、138、138、142、143、146页。

[24][31][54]《致达梅尔的信》,转引自《德法之争——伽达默尔

与德里达的对话》,同济大学出版社2004年版,第73、74—75、82页。

[25][26]《OFF学:会玩,才会成功》,中信出版社2010年版,第Ⅶ、Ⅷ页。

[27]海德格尔:《艺术作品的起源》,见海德格尔:《林中路》,上海译文出版社2004年版,第18—19页。

[29]海德格尔:《路标》,商务印书馆2014年版,第234页。

[34]《拉丁美洲的孤独——马尔克斯1982年诺贝尔奖获奖演说》。

[35]《金刚经》之《善现启请第二》。

[36]《孟子·告子上》。

[37]F.v.哈耶克:《法、立法与自由》,中国大百科全书出版社2000年版,"跋"。

[38]吴冠中:《当今的艺术活动就跟妓院一样》,华尔街俱乐部,2014年2月18日。

[41][42][67][68][69][70][71][72]海德格尔:《存在与时间》,生活·读书·新知三联书店1987年版,第47、35、34、41、43、47、47、47页。

[43][44][45]雅斯贝尔斯:《大哲学家》,社会科学文献出版社2010年版,第146、143—148、147页。

[46]《行为经济学"助推"正确选择》,《文汇报》2009年9月14日。

[47][48][49][50][105]德里达:《文学行动》,中国社会科学出版社1998年版,第7、1—2、3、7、31页。

[51][54][55][56][57]胡塞尔:《逻辑研究》第二卷,上海译文出版社2006年版,第1、131、132、152、133页。

[52][53]《柏拉图对话集》,商务印书馆2008年版,第678、686页。

[59][60][61][62][63][64][65][73][74][75][76][77][78][79]海德格尔:《在通向语言的途中》,商务印书馆2005年版,第1—2、2、7、5、29、20、25、9、9—10、12、12—13、15、24、21页。部分译文稍有改动。

责任编辑:洪 琼

**图书在版编目(CIP)数据**

美的现实性:艺术作为游戏、象征和节庆/[德]H.-G.伽达默尔 著;
郑湧 译. —北京:人民出版社,2018.8(2022.7 重印)
(当代西方学术经典译丛)
ISBN 978－7－01－019429－5

Ⅰ.①美… Ⅱ.①H… ②郑… Ⅲ.①美学理论 ②阐释学 Ⅳ.①B82
②B089.2

中国版本图书馆 CIP 数据核字(2018)第 124219 号

原书名:Die Aktualitaet des Schoenen-Kunst als Spiel,Symbol und Fest

原作者:Hans-Georg Gadamer

原出版社:1977 PHILIPP RECLAM JUN.,STUTTGART

版权登记号:01-2008-4850

**美的现实性**

MEI DE XIANSHIXING

——艺术作为游戏、象征和节庆

[德]H.-G.伽达默尔 著 郑湧 译

**人民出版社** 出版发行

(100706 北京市东城区隆福寺街 99 号)

北京中科印刷有限公司印刷 新华书店经销

2018 年 8 月第 1 版 2022 年 7 月北京第 2 次印刷
开本:710 毫米×1000 毫米 1/16 印张:15
字数:200 千字

ISBN 978－7－01－019429－5 定价:79.00 元

邮购地址 100706 北京市东城区隆福寺街 99 号
人民东方图书销售中心 电话 (010)65250042 65289539